强农技术丛书·食用菌安全生产系列

图解菇类病虫害及防治

黄桃阁　王生军　史国敏　编著

中原出版传媒集团
中原农民出版社

图书在版编目(CIP)数据

图解菇类病虫害及防治/黄桃阁,王生军,史国敏编著.—郑州:中原出版传媒集团,中原农民出版社,2010.5(2012.2 重印)
(强农技术丛书·食用菌安全生产系列)
ISBN 978-7-80739-761-8

Ⅰ.①图… Ⅱ.①黄…②王…③史… Ⅲ.①食用菌类—病虫害防治方法—图解 Ⅳ.①S436.46-64

中国版本图书馆 CIP 数据核字(2010)第 059881 号

出版社:中原农民出版社
　　　(地址:郑州市经五路 66 号　　电话:0371—65751257
　　　邮政编码:450002)
发行单位:全国新华书店
承印单位:郑州市欣隆印刷有限公司
开本:890mm×1240mm　　　　　A5
印张:5.75
字数:181 千字
版次:2010 年 5 月第 1 版　　　印次:2012 年 2 月第 2 次印刷
书号:ISBN 978-7-80739-761-8　　定价:35.00 元
本书如有印装质量问题,由承印厂负责调换

编委会

主　　编　康源春
副 主 编　袁瑞奇　魏银初　王志军　刘克全
编　　委（以姓氏笔画为序）
　　　　　　王志军　孔维丽　刘克全　杜适普
　　　　　　袁瑞奇　黄桃阁　康源春　魏银初

本书作者

黄桃阁　王生军　史国敏

前　言

食用菌栽培作为一个新兴的产业，其发展非常迅速，技术水平不断提高，产业规模不断扩大，生产条件不断改善，产业化基地不断涌现。目前，全国食用菌年生产总量已达1 800万吨以上，在农业种植业领域已占有重要的地位，大批农民朋友因从事食用菌生产而走上致富之路。

近年来，随着食用菌产业的迅速发展和生产规模的不断扩大，食用菌病虫害已越来越猖獗，并成为食用菌发展的重要制约因素之一。据不完全统计，在各种食用菌栽培过程中，因各种杂菌污染、病虫侵入引起食用菌大面积栽培失败、产量大幅度降低、品质低下，直接造成的经济损失占总损失的70%以上。

为帮助食用菌从业人员识别一些常见的食用菌病虫害种类，普及食用菌病虫防治的基本知识，本书作者在总结科研实践的基础上，吸收已有的先进生产技术和最新科研成果，同时借鉴各地的先进经验，编写了《图解菇类病虫害及防治》。本书采用通俗的语言表述形式，插入大量生产实际操作图片，以期读者在轻松阅读时即有较多的收获。

由于编者的水平有限，书中不足和错漏之处，敬请读者批评指正。

编者

目 录

一、食用菌人工栽培主要品种子实体正常形态 …………… 1
二、食用菌病虫害发生的特点与发展趋势 ………………… 8
 （一）食用菌病虫害的发生特点 ………………………… 8
 （二）食用菌病虫害的发展趋势 ………………………… 9
 （三）食用菌病虫害防治过程中存在的问题 …………… 10
三、食用菌病虫害的类别 ……………………………………… 11
 （一）食用菌病害的常识 ………………………………… 11
 （二）食用菌病害的分类 ………………………………… 11
 （三）侵染性病害的分类 ………………………………… 14
 （四）食用菌病害的症状 ………………………………… 15
四、食用菌不同生育期病害的症状和发生规律 …………… 25
 （一）食用菌菌丝生长期主要病害 ……………………… 25
 （二）食用菌菌种生产的主要问题及分析 ……………… 47
 （三）子实体生长期主要病害及发生规律 ……………… 60
五、食用菌病虫害的无公害防治 …………………………… 69
 （一）食用菌无公害防治的基本原则 …………………… 69
 （二）食用菌无公害防治的基本措施 …………………… 70
六、食用菌主要栽培品种常见病害识别与防治 …………… 82
 （一）鸡腿菇常见病害的识别与防治 …………………… 82
 （二）双孢蘑菇常见病害的识别与防治 ………………… 89

（三）平菇主要病害的识别与防治 ………………… 100
　　（四）金针菇常见病害的识别与防治 ……………… 116
　　（五）毛木耳常见病害的识别与防治 ……………… 124
　　（六）白灵菇常见病害的识别与防治 ……………… 129
　　（七）香菇常见病害的识别与防治 ………………… 137
　　（八）杏鲍菇常见病害的识别与防治 ……………… 139
　　（九）黑木耳常见病害的识别与防治 ……………… 144
七、食用菌常见害虫的分类及危害特征 ………………… 147
　　（一）食用菌虫害的定义 …………………………… 147
　　（二）食用菌虫害的分类 …………………………… 148
　　（三）食用菌常见害虫的生活习性和危害特征 …… 148
八、食用菌常见害虫的识别与防治措施 ………………… 164
　　（一）菇蚊类 ………………………………………… 164
　　（二）菇蝇类 ………………………………………… 166
　　（三）甲虫类 ………………………………………… 167
　　（四）跳虫 …………………………………………… 168
　　（五）线虫 …………………………………………… 169
　　（六）潮虫 …………………………………………… 170
　　（七）菇螨 …………………………………………… 170
　　（八）蛞蝓 …………………………………………… 171
　　（九）鼠害 …………………………………………… 172
　　（十）食用菌害虫的综合防治 ……………………… 173
参考文献 …………………………………………………… 175

# 一、食用菌人工栽培主要品种子实体正常形态

食用菌人工栽培品种主要有姬菇、猴头、香菇、金针菇、平菇、蟹味菇、毛木耳、鸡腿菇、双孢蘑菇、草菇、杏鲍菇、白灵菇、姬松茸、茶树菇、榆黄蘑等。其子实体的正常形态见图1至图17。

图1 姬菇

图2 猴头菇

图3 香菇

图4 蟹味菇

图5 毛木耳

图6 鸡腿菇

图7 双孢蘑菇

图 8　草菇

图 9　杏鲍菇

图 10　灰平菇

图11　小白平菇

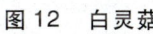图12　白灵菇

图13　白色金针菇

图14 茶树菇

图15 姬松茸

图16 榆黄蘑

图 17 黄伞

二、食用菌病虫害发生的特点与发展趋势

（一）食用菌病虫害的发生特点

我国已经进入商业栽培的食用菌品种有50多种，而食用菌病虫害就有好几万种，而且大多数病虫害的生存环境和食用菌的生存环境是相似的，用于种植食用菌的培养基营养非常丰富，很容易受到多种病虫的侵染。食用菌的生存始终处于病虫害的包围之中，这些病虫害随着生产规模的扩大而日趋严重，有些昆虫群集发生时，危害非常大，轻者造成经济损失，严重者可造成绝收。

食用菌病虫害具有以下特点：

第一，食用菌所需的生活条件和生态环境更有利于有害生物的滋生繁衍。大多数食用菌都是腐生在秸秆及木屑等含有糖类蛋白质的营养极其丰富的培养料上，这些培养料为有害生物提供了良好的营养条件和栖息场所；食用菌类生存环境温度适中、阴暗潮湿、有足够的氧气，这正是食用菌病虫害所要求的理想生存环境。

第二，一般作物病虫害使用的常规化学防治方法在食用

菌中却不能广泛使用。这是因为食用菌与病原菌的分类地位很相近,它们对外界刺激的反应也很相似,对病虫杂菌有治疗效果的农药往往对食用菌菌丝及子实体也有一定的药害。

第三,食用菌各种品种的生育期都较短,所以残留期长、分解较慢的农药不能直接应用于"健康食品"——食用菌上,从而造成了食用菌病虫害的生长环境不受外界干扰,使病虫害大量滋生。

第四,食用菌生长在一个不稳定的生态系统中,天敌的生存与利用受到极大的限制,也是食用菌病虫害大量存在的一个主要因素。

(二)食用菌病虫害的发展趋势

近年来,随着食用菌产业的迅速发展和生产规模的不断扩大,食用菌病虫已越来越猖獗,并成为食用菌发展的重要制约因素之一。通过初步调查了解到食用菌病虫害的发展趋势有以下几个特点:

第一,食用菌病虫害发生几率与发生量不断增长。据不完全统计,由病虫害引起的产量损失一般达食用菌总产量的10%,个别产区更加严重。

第二,食用菌规模化生产集中区,病虫害发生呈现逐年加重趋势。

第三,某一品种长期生产区域病害种类在增加,防治更加困难。

第四,规模化生产区,环境逐渐恶化,病虫潜在威胁加大,暴发蔓延趋势加重。

（三）食用菌病虫害防治过程中存在的问题

我国是食用菌生产大国，食用菌产量占全世界总产量的70%以上。我国食用菌产业经过近30年的快速发展，生产形势已经发生巨大变化，取得了令人瞩目的成绩。现在我国食用菌产业已经进入战略转型期，由原来无意识的自发生产状态到现在的有意识有组织的生产状态；由原来农民房前屋后的家庭小副业变为现在规模化家庭式主产业及规模化企业；由原来产品只是生产者自己推车小卖到现在产品远距离集中销售，由原来零星分散生产到现在集中连片专业化基地生产；由原来产品只在自家门口销售到现在产品出口到世界许多国家。但目前现有的技术很难满足现实生产的需要，表现在规模化生产技术欠缺和病虫害防治技术落后，尤其是病虫害防治技术与现有的生产格局不相适应等。

第一，食用菌是一个新型的农业产业，不像种植业那样有行业管理部门指导，缺乏有效的管理与指导。

第二，大批从业人员文化水平较低，生产技术仅限于会种植食用菌，出现病虫害等不正常现象后则束手无策。

第三，生产中出现病虫害后，急于用农药防治，对食用菌产品质量留下隐患。

第四，大部分生产者对病虫害的发生规律没有认识，没有预防的概念。

第五，对大环境控制观念缺乏，只对生产出菇区域进行管理。

第六，生产者卫生习惯有待提高。

# 三、食用菌病虫害的类别

（一）食用菌病害的常识

食用菌在生长与发育的各个阶段以及采收、加工和贮藏的各个环节，由于环境条件不适或遭受其他有害微生物的侵染，使菌丝体或子实体发育受阻，致使正常的新陈代谢受到干扰和抑制，在生理上、组织形态上发生了一系列不正常的变化，出现生长发育缓慢、畸形、枯萎甚至死亡等现象，从而降低了食用菌的产量和品质，称为食用菌病害。而在其生长过程中，由于受机械损伤或昆虫、动物（不包括病原线虫）和人为活动的伤害所造成的不良影响及结果，不属于病害的范畴。

（二）食用菌病害的分类

引起食用菌发病的最直接因素称为病原，一般分为非侵染性病原和侵染性病原，其引起的病害分别称为非侵染性病害（生理性病害）和侵染性病害（非生理性病害）。

1. 非侵染性病害（生理性病害）

只因非生物因素的作用，而无病原微生物的侵染和活动，造成食用菌和生理代谢失调而发生的病害，叫非侵染性病害，也叫生理性病害。非生物因素是指生长环境条件不良或栽培措施不当，如培养料含水量过高或过低，pH值过小或过大，空气相对湿度过高或过低，光线过强或过弱，二氧化碳浓度过高，农药、生长调节物质使用不当等。非侵染性病害不会传染，一旦环境改善，病害症状将不再发生，一般能恢复正常状态（图18、图19）。其发生具有普遍性的特点，在同一时间和空间内，所有个体全部发病。具体说来，就是指同一菇房生长的菌体同时发生相同的非侵染性病害，如烧菌、畸形、变色等，最常见的症状是畸形。

图18 平菇生理性（非侵染性）病害（一）

图19 平菇生理性（非侵染性）病害（二）

2. 侵染性病害(病原性病害) 由于病原物的侵染,造成食用菌生理代谢失调而发生的病害,叫侵染性病害,也叫非生理性病害或病原性病害。其病原是生物性的,具传染性,称病原物。病原物主要包括真菌、细菌、病毒和线虫。

侵染性病害的特点是病原物直接从食用菌的菌丝体或子实体内吸收养分,建造自身,使食用菌的正常生理活动受阻,从而出现症状,使食用菌产量和品质下降(图20、图21、图22)。常见的双孢蘑菇白腐病、褐斑病,香菇病毒病,木耳线虫病和平菇黏菌病等属于侵染性病害。

图20 培养料上生长的木霉(侵染性病害)

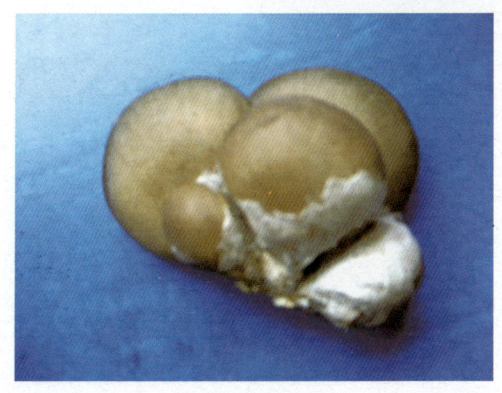

图21 平菇侵染性病害

图22　真菌性病害

(三)侵染性病害的分类

被病原物侵染的食用菌,称为寄主。侵染性病害的发生是由病原物、寄主和环境条件决定的。一般情况下,按病原物的不同,食用菌侵染性病害可分为以下几类:

1. 真菌性病害

绝大多数是霉菌类,除腐生外,还有不同程度的寄生性。这类真菌病原物多喜高温、高湿和酸性环境,以气流、洒水等为其主要传播方式。

2. 细菌性病害

细菌绝大多数是各种假单孢杆菌,喜高温、高湿、通气不良和近中性的基质环境,气流、基质、水流、工具、操作和昆虫等都可传播。

图23　病毒性病害

3. **病毒性病害**(图23)

病毒多是球形结构,也有杆状和螺线形的病毒粒子,后两种病毒粒子较球形病毒为大。

4. **线虫性病害**

线虫是一类微小的原生动物,危害菌丝体和子实体。引起食用菌病害的线虫多为腐生线虫,土壤、基质和水流是其主要传播方式。

5. **黏菌性病害**

黏菌为绒泡菌,是一种低等菌,主要危害香菇、平菇、草菇、木耳(图24)和茶树菇等食用菌。

图24 木耳黏菌性病害

(四)食用菌病害的症状

食用菌发病后,在外部和内部表现出来的种种不正常特征称为症状。症状可分为病状和病症。病状是食用菌得病后本身表现出来的不正常状态;病症是病原物在寄主体内和体外表现出来的特征。常见食用菌病害的症状有:染病和发病的菌丝体生长缓慢、不均匀的变色等;染病和发病的子实体出现凹陷、病斑、畸形、变色、水肿、软腐、枯萎、猝死等。食用菌病害一般是根据症状或病原物而命名的,如香菇烂筒病或香菇木霉病。不同类型的病害、不同病原引发的病害，同一病害的不同时期，症状都不相同。从食用菌病害的发生到症状的出现，需要一定的时间，这段时间称为病程。不同的病害其病程不同，因此，认识和了解病害的发生过程对于病害的认识和防治都是十分重要的。

1. 食用菌病害的病原物

病原物是指引起食用菌病害的生物的统称，主要有真菌、细菌、放线菌、病毒、线虫、黏菌等。

2. 病害的症状

（1）真菌性病害　引起食用菌病害的真菌绝大多数是霉菌类，具有丝状菌丝。这些病原真菌除腐生外，还具有不同程度的寄生性，在侵染的一定时期就在被侵染的食用菌菌体表面形成病灶和繁殖体，即孢子囊（图25）。常见的真菌病害有疣孢霉引起的褐腐病、轮枝霉引起的干泡病、轮枝孢霉引起的软腐病、头孢霉引起的褶霉病、镰孢霉引起的猝倒病等。

图25　制种期真菌感染

（2）细菌性病害　细菌是单细胞裂殖的微生物，分布广，繁殖快。它不仅能造成食用菌菌种和栽培料的污染，也可引起食用菌子实体发病受害。

（3）病毒性病害　病毒是一类专性寄生物,现已发现寄生危害食用菌的病毒有数十种,引起食用菌发病的病毒多是球形结构,也有杆状和螺线形的病毒粒子,这两类病毒粒子较球形病毒为大。病毒病又称木乃伊病、顶死病、法兰西病害,危害双孢蘑菇、香菇、平菇、草菇、银耳等。常见的病毒病有双孢蘑菇病毒病、香菇病毒病、平菇病毒病、凤尾菇病毒病等。

　　病毒只能寄生在其他生物的活细胞中,利用寄主细胞的代谢系统进行生活和繁殖。病毒在寄主体外存活时,是以休眠的形式保持感染寄主的能力。病毒粒子不仅可以从得病双孢蘑菇中分离出来,而且在表面健全的菌丝中也能观察到浓度相当低的病毒粒子,也就是说感染病毒的菌丝体可以不表现出病毒病症状。病毒病可以通过食用菌的菌种和孢子传染,接触过培养料中带病毒的菌丝体、带病毒菇体的手和工具,再接触健康的菌丝体、菇体,也会传染病毒病。由于培养料中菌丝体有相互连接的特性,会引起病毒病向周围健康菌丝体蔓延。

　　从食用菌研究中还发现了类病毒,类病毒只有核酸而没有外面的蛋白质衣壳。类病毒颗粒更小。

（4）线虫性病害　线虫是一类微小的原生动物,隶属无脊椎的线形动物门线虫纲小杆目杆形科。

　　危害食用菌的线虫种类很多,分布广。多数是腐生性线虫,广泛分布于土壤和培养料中。少数半寄生,只有极少数是寄生性的病原线虫。土壤、基质和水流是它们的主要传播方式。危害双孢蘑菇的线虫目前国内已报道的有15种左右,常见的种类主要隶属于垫刃目和小杆目,如双孢蘑菇堆肥线虫、双孢蘑菇菌丝线虫（又称噬菌丝线虫）以及危害木耳、银耳、平菇的小杆线虫等。常见的线虫病有双孢蘑菇线虫病、香菇线虫病、平菇线虫病、木耳线虫病和银耳线虫病等。

1）形态特征　线虫体型极小，两端稍尖，为线状小蠕虫，略比菌丝粗（图26）。白色透明，成熟时体壁可呈棕色或褐色，不断蠕动。由于体小，须借助显微镜观察。虫体通常分为头、颈、腹和尾4部分。头部有唇和口腔。有的线虫口腔中有口针，是穿刺寄主组织并吸取养分的器官。颈部是从口针的基部到肠管前端的一段体躯，包括食道、神经环等，食道的形态结构是区别不同线虫的重要依据。

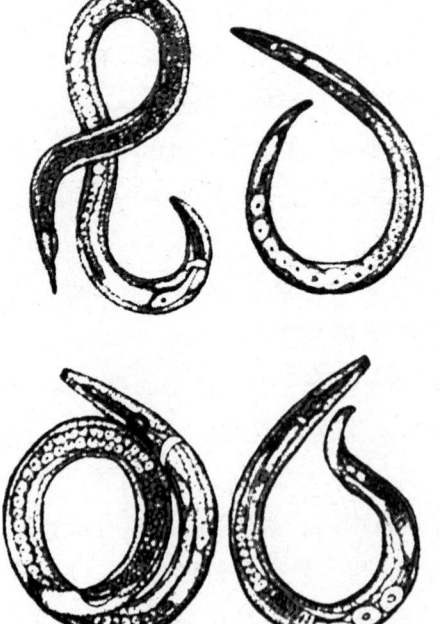

图26　线虫

2）生活习性　线虫无处不有,分布广泛,土壤、各种培养料甚至污水中都有线虫的存在,未经严格消毒处理的老菇房、床架,都可能有线虫的存活。线虫可以通过人体、工具、昆虫以及雨水、洒水而传播,以致到处侵染危害。线虫的繁殖力很强,在很短的时间内可导致线虫暴发。绝大多数线虫经过两性交配产卵,卵极小。1 条成熟的雌虫一生可产卵 1 500～3 000 个;卵孵化为幼虫,幼虫经过 3～4 次蜕皮后变为成虫;在条件适宜时,经 8～10 天即可完成 1 代。如双孢菇堆肥线虫,从卵到成虫的生活周期,在 18℃时为 10 天,28℃时为 8 天(繁殖速度最快)。双孢蘑菇菌丝线虫在 18℃下,从卵到成虫需 26 天;在 23℃下,需 11 天。木耳的小杆线虫在 30℃下,雌虫交配后 24～48 小时开始产卵,每条雌虫可产卵 23～140 粒,从卵发育到成虫需 12～16 天。线虫活动时需一层水膜,在水中有成团的现象。培养料含水量偏高有利于线虫危害。干燥的条件下,线虫以休眠状态可在土壤中存活好几年。在同一种食用菌培养料中,通常是 2 种或 2 种以上的线虫混合发生,但数量不尽相同,往往有明显的优势种。

3）危害特征　线虫主要危害双孢蘑菇、香菇、平菇、草菇、凤尾菇、金针菇、木耳、银耳等。不仅本身侵害食用菌菌丝体、子实体,而且其钻食习性往往为食用菌病原菌(真菌、细菌、病毒)造成侵入条件,从而加重或诱发各种病害的发生,导致交叉侵害,造成极大损失。有口针的线虫用口针穿刺到菌丝中,吸取组织汁液,使菌丝生长受阻,甚至萎缩消失;没有口针的线虫用头部快速而有力地搅拌,促使食物断成碎片,然后进行吸吮和吞咽。

不同食用菌被线虫危害后表现出以下不同的症状:

1) 木耳　由于受木耳线虫的危害,每到高温多湿的夏季,木耳生产均会造成严重损失。木耳线虫喜群集取食,以吮吸和吞咽的方式取食。成虫觅食时,头部快速有力地搅动,促使食物断成碎片,然后再吸吞。初孵化的幼虫,爬出卵壳稍停片刻后即开始蠕动取食。幼龄期食量很少,喜觅食成虫吸吞时遗漏下的细微碎片和耳液。

2) 双孢蘑菇　线虫能生活繁殖在菌丝中,并使菌丝死亡。雌、雄虫交尾后,雌虫排出的卵有卵囊保护。它对菌丝香味有很强的趋化性,受其危害后的菌丝体变得稀疏,培养料变黑、发黏,菌丝消失退化,俗称退菌,最后不出菇,并散发出一种特殊的腥臭味。国内一些菇房歉收,60%是由于线虫危害。我国福建地区菇房几乎100%受线虫危害,造成不同程度的损失。

3) 香菇　菌筒多在脱袋排筒期受到线虫危害,导致菌丝受损,菌筒产生退菌现象,严重的菌丝全无,最后菌筒腐烂,栽培失败,损失较大。

4) 凤尾菇　凤尾菇受线虫侵害后,菌丝生长不旺盛,渐成萎蔫状,出现退菌,培养料变潮湿、腐烂状。子实体被害呈软腐水渍状,软腐黄色或软腐褐色。线虫的危害可造成凤尾菇减产50%以上,甚至绝收。

5) 草菇　草菇被线虫侵害后,子实体变黄,以后转为褐色,最后整个子实体腐烂,有一股难闻的腥臭味。

6) 金针菇　受线虫危害后,子实体腐烂,消溶。

(5) 黏菌性病害

1) 形态特征　黏菌在生长期或营养期为裸露的无细胞液多核的原生质团,称变形体,其营养体构造、运动或摄食方式与原生动物中的变形虫相似,但在繁殖时期产生具纤维质细胞壁的孢子,又具有真菌的性状。事实上黏菌是介于动物和真菌之间的生物。大多数生于森林中阴暗和潮湿的地方,附着在腐木上、落叶上或其他湿润的有机物上。大多数黏菌为腐生菌,无直接的经济意义,只有极少数黏菌寄生在食用菌上,危害寄主。

2)危害特征　黏菌病主要危害香菇、平菇、草菇、木耳和银耳等。黏菌对食用菌的危害主要是污染培养料和段木,与食用菌竞争空间和营养,同时还可围食食用菌的菌丝和孢子。培养料被侵害后,料表面出现胶黏性、半流动的变形体,扇面形、多分枝、脉络状(图27),初期呈鲜黄色,后期变黑色。菇床受害,造成不出菇;菌筒受害,造成烂筒;段木受害,容易造成树皮脱落,杂菌大量滋生;食用菌子实体受害,易于腐烂,具酸臭味,失去商品价值。

图27　黏菌的初期症状

3. 食用菌生理性病害

生理性病害,不是由病原微生物侵害引起,而是由于外界环境中许多不适应的因素所造成的,一旦这些不良因素解除了,食用菌就能恢复正常生长。食用菌常见的生理性病害主要有以下几个类型:

(1)死皮　主要发生在香菇和滑菇发菌后的转色期。

菌皮坚硬、出菇推迟、不出菇或出菇稀少。

(2)死菇　双孢蘑菇、香菇、平菇、金针菇、草菇等多种食用菌都有发生,特别是头两潮出菇期间,床上的小双孢蘑菇萎缩、变黄,最后死亡。有时甚至成片或成批死亡(图28),严重影响食用菌的产量。

图28　生理性病害
　　　　（死菇）

(3)菌丝徒长　双孢蘑菇、香菇、平菇、白灵菇等多种食用菌都有发生,菌丝生长过旺,冒出土层或菌袋外面,密集成片或成一厚厚的菌丝层,形成一种细密的、不透水的菌丝体(图29),迟迟不出菇或推迟出菇,降低食用菌的产量。菇农称这种浓密徒长的菌丝体为"菌被"或"菌皮"。

图29　菌袋内形成厚菌
　　　　皮（菌丝徒长）

(4)退菌现象　在食用菌发菌期,本来发菌正常的菌袋

或菌床,在几天的时间里,菌丝由白变黄(图30),菌袋内菌丝生长的部位变为木粉原色,掏出受害的部位,不成菌块,菌丝少或不明显,香味无或不明显。

图30　双孢蘑菇覆土后出现的退菌现象

（5）畸形菇　双孢蘑菇、香菇、平菇、金针菇等多种食用菌在不适的条件下都会发生子实体畸形。凡子实体外观不正常的,如菌盖变小、有龟裂、有鳞片、早开伞、菌柄变长、变短、歪斜、子实体原基不分化等,都称为畸形。

（6）锈斑病　双孢蘑菇、平菇、金针菇等栽培不良都会出现锈斑病,即子实体表面出现铁锈斑点,锈斑多为黄色、褐色,形似细菌性斑点病,所不同的是它仅发生在子实体的表层,不向内扩展(图31),这种斑点会降低食用菌的质量。

图31　平菇的锈斑病

(7)**转色异常** 菌床、菌筒在产菇阶段没有出现转色过程,表面始终呈白色或略带其他非正常色,或转色现象只是在菌床、菌筒表面局部发生或间断出现,呈深浅不一的斑块状,转色时间过长,表面形成厚厚的深褐色至黑褐色菌皮,光泽暗,结实有余而弹性不足。

(8)**变色菇** 生理性变色的只有平菇和猴头菇。平菇变为黑褐色或黑红褐色,猴头菇变为粉红色或红色。

 # 四、食用菌不同生育期病害的症状和发生规律

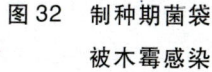食用菌菌丝生长期主要病害

1. 木霉

木霉又名绿霉,对各种食用菌的致病力强,可危害食用菌菌丝和子实体,是食用菌生产上最主要的病害之一。

图32 制种期菌袋被木霉感染

(1)危害症状 感染初期,先产生灰白色的纤细菌丝(也叫霉层),较为浓密,此时很容易与食用菌菌丝混淆

(图32),但木霉菌生长很快,经4~5天白色菌落上即出现浅绿色的粉状物(图33),原来的霉层迅速扩大并不断产生新的霉层,扩展很快,特别是在高温、高湿的条件下,几天内整个料面就会被木霉菌所覆盖。

图33 栽培发菌期菌袋被木霉感染

(2)发生规律 木霉主要生存在朽木、枯枝落叶、土壤、有机肥、植物残体上和空气中。多年栽培的老菇房、带菌的工具和场所是主要的初侵染源,已发病株所产生的分生孢子,可多次重复侵染。在高温、高湿的条件下,再次重复侵染更为频繁。木霉发病率的高低与环境条件的关系较大。在高温、高湿通气不良和培养料呈偏酸性时,很容易滋生木霉。木霉侵染寄主后,与寄主争夺养分和空间,同时还分泌毒素杀伤、杀死寄主,把寄主的菌丝缠绕、切断。

2. 曲霉

曲霉属于子囊菌,营养体由具横隔的分枝菌丝构成。曲霉是食用菌菌种生产和栽培过程中经常发生的一种杂菌,温度高时常发生污染的有黄曲霉、黑曲霉。病害名称为黄霉病、黑霉病。菌种生产中,常见于棉塞上,主要是棉塞受潮后感染此病。

（1）危害症状　曲霉属真菌的菌丝,在基质上的生长有一定的局限性,污染后很快在培养料的表面或棉塞上长出黑色或黄绿色的颗粒状霉层,使菌落呈粗粉粒状(图34、图35、图36)。

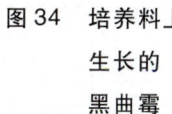

图34　培养料上生长的黑曲霉

图35　培养料上生长的黄曲霉

图36 麦粒菌种被曲霉感染

曲霉种类较多,不同的种类在培养基中形成的菌落颜色不同;曲霉不仅污染菌种和培养料,而且影响人的健康。黄曲霉能产生黄曲霉素,引起人、畜中毒,是一种很强的致癌物质。

(2)发生规律 受曲霉污染的培养料上,初期出现白色茸毛状菌丝,菌丝较厚,扩展性差,但很快转为黑色或黄色颗粒状霉层。曲霉分布广泛,存在于土壤、空气和各种腐败的有机物上,分生孢子靠气流传播。曲霉对温度适应范围广,并嗜高温,如烟曲霉在45℃或更高温度下生长旺盛;适合曲霉生长的酸碱度为近中性,凡pH值近中性的培养料均易发生;曲霉菌主要利用淀粉,培养料含淀粉较多或碳水化合物过多容易发生;湿度大、通风不良时也容易发生。培养料灭菌不彻底,接种过程消毒不严格都容易引起曲霉的污染。

3. 青霉

青霉是食用菌制种和栽培过程中常见的一种杂菌,主要危害各种食用菌的菌丝体。在一定条件下,也能引起香菇、平菇、草菇、金针菇、双孢蘑菇等子实体病害。病害名称叫青霉病。

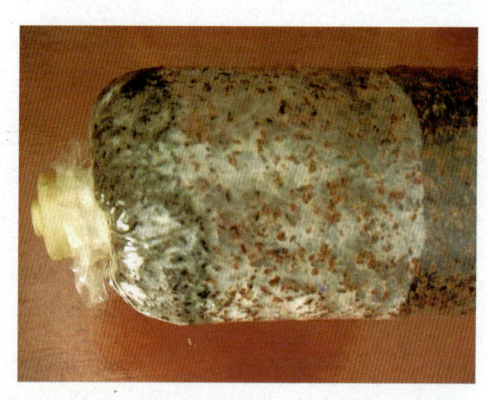

图37 青霉危害初期的黄白色茸状菌丝

(1)危害症状 在被青霉污染的培养料上,初期出现白色或黄白色茸毛状菌丝(图37),1~2天后菌落便渐渐地变成绿色或蓝色的粉状霉层,局限性生长。在显微镜下观察,完整的分生孢子梗及分生孢子呈扫帚状。在被污染的培养料上,菌丝初期白色,形成圆形的菌落,随着分生孢子的大量产生,颜色由白色转变为绿色或蓝色。在生长期常可见有一宽1~2毫米的白色边缘,菌落茸毛状,扩展较慢,有局限性(图38)。老的菌落表面常交织起来,形成一层膜状物,覆盖在料面,能隔绝料面空气,同时还分泌毒素,使食用菌菌丝体死亡。

图38 培养料上生长青霉状

(2)发生规律 青霉分布范围广,为腐生或弱性寄生,存在于很多有机物上,产生的分生孢子数量多,孢子小,空气中到处飘浮有青霉菌和孢子,通过气流、昆虫及人工喷水等传播。污染初期,发现白色茸毛状菌落,1~2天后,菌落变成粉粒状,菌落近圆形,常具有一宽的新生长的白边。空气中的孢子随处散落,很容易造成培养料的污染,高温、高湿的条件下有利于此病原菌的发生。另外菌种在培养过程中遇到高温、高湿的时候,有利于青霉菌的生长。青霉病菌在28~30℃的温度下极易发生,分生孢子在1~2天内就可萌发成白色菌丝。其菌丝生长适宜温度20~30℃,空气相对湿度为80%~90%,在高温、高湿、通气不良和培养料偏酸的情况下发展迅速。

4.根霉

根霉又称黑色面包霉,各类食用菌制种及代料栽培中均可发生污染,而且发生较为普遍,危害较重,常造成菌种报废或生产上产量下降。通常称为根霉病、黑根霉病,是菌种生产和栽培过程中常发生的一种杂菌。

(1)危害症状 培养基或培养料受根霉侵染后,初期表面出现匍匐型菌丝向四周蔓延(图39),隔一定的距离,长出与基质接触的假根,通过假根从基质中吸取物质与水分。后期在基质表面0.1~0.2厘米高处形成圆球形的小颗粒体,即孢子囊,初形成时为灰白色或黄白色,后变黄褐色或褐色,成熟后变成黑色,整个菌落的外观,如一片林立的大头针,这是根霉污染最明显的症状(图40)。菌丝与毛霉相似,但在培养基上能产生弧形的匍匐型菌丝(图41)。

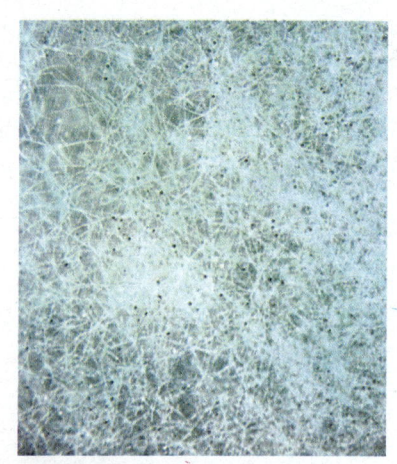

图 39 根霉菌丝

图 40 菌袋被根霉感染

图 41 制种期试管被根霉感染产生的匍匐型菌丝

(2)发生规律 根霉适应性强,分布广,常生活在陈面包或霉烂的谷物、块根和水果上,也存在于粪便、土壤和死亡的动植物体上。孢子靠气流传播。喜中温(30℃生长最好)、高湿、偏酸的条件。受侵染的培养料表面有匍匐生长的菌丝,灰白色,菌丝生长不像木霉那么快,后期在培养料表面形成一层黑色的颗粒状霉层。高温、高湿条件有利于根霉的繁殖。环境带菌量大是其污染的主要原因,培养基中碳水化合物过多易生长此类杂菌。

5. 毛霉

毛霉又叫长毛霉、黑霉菌。在食用菌菌种生产和代料栽培中是一种普遍发生的杂菌。病害名称为黑霉病。毛霉是菌种生产和菌袋制作中常见的杂菌之一(图42),特别是在生料栽培时极易发生。毛霉虽然不能抑制食用菌菌丝生长,但与食用菌争夺养分,造成产量下降。

图42 制种期菌袋被毛霉感染

(1)危害症状 毛霉对环境的适应性较强,生长迅速。侵染培养料后可与食用菌菌丝争夺养分和水分,从而使食用菌菌丝的生长受到抑制。受污染的培养料,初期生长出灰白色粗壮稀疏的菌丝,其生长速度快于食用菌的菌丝。后期气生菌丝顶端形成很多圆形的小颗粒体——孢子囊。孢子囊初期为黄白色,后变为黑色。

(2)发生规律　毛霉广泛存在于土壤、空气、粪便及堆肥上。成熟的孢子散发于空气中、土壤里和有机物表面上,只要温度、湿度适宜,就可萌发出菌丝,特别是高温、高湿条件下,生长极为迅速。在制种和栽培过程中,灭菌不彻底,消毒不严格,培养料水分过大,培养室湿度过高,棉塞受潮等都易造成污染。

6. 链孢霉

链孢霉又叫脉孢霉、红色面包霉、串珠霉、红粉菌。寄主范围广,几乎所有的食用菌生长阶段都可以发生,是制种及代料栽培中最常发生的杂菌,其病害名称为红色链孢霉病、红色面包霉病。

(1)危害症状　链孢霉是一种生长极快的气生霉菌,培养料被污染后,其菌丝生长很快,并长出分生孢子,迅速在培养料表面形成橙色或粉红色霉层。霉层在料袋内可通过孔隙快速布满袋外,特别是受潮的棉塞上,霉层可达1厘米左右。在高温、高湿的条件下,可在1～2天传播整个培养室。链孢霉菌丝侵染子实体后,能在短期内覆盖子实体,造成腐烂。在菌种分离、提纯或转管扩大培养过程中,若受链孢霉污染后,其灰白色疏松棉絮状的气生菌丝很快就可布满整个培养皿或试管面的空间,并大量形成链状串生的分生孢子,使菌落呈淡红色粉状。在原种或生产种栽培过程中,受链孢霉污染后,其灰白色的菌丝在培养基内迅速扩展,向下生长可达到瓶(袋)底部,向上扩展可到棉塞上,并很快在棉塞外面形成肉红色至红色的分生孢子堆。菌种瓶(袋)内的菌丝由灰白色变成橘红色,即分生孢子堆。特别是棉塞受潮或塑料袋有破洞时,橙红色的链孢霉呈团状或球状长在棉塞的外面或塑料袋外,稍受振动,就散发到空气中到处传播(图43、图44)。

图43 菌种袋上生长的链孢霉

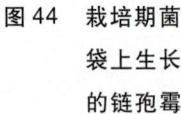

图44 栽培期菌袋上生长的链孢霉

(2)发生规律 链孢霉是土壤微生物,广泛分布于自然界的土壤中和禾本科植物以及富含淀粉的食物上,空气中到

处飘浮有该杂菌的分生孢子,当分生孢子沉降到有机物表面后很快就可萌发生长,并产生大量的孢子,靠气流传播,传播力极强,是食用菌生产中最易污染的杂菌之一。在潮湿条件下,病菇菌柄的基部可见白色菌丝的粉状物。一般上潮菇感病后,病原菌分泌的毒汁会破坏菌丝的生长或引起小菇蕾死亡致使下一潮菇不会生长或小菇蕾生长不久即死亡。培养料灭菌不彻底,接种室或接种箱灭菌不严格,接种没有严格按照无菌操作,棉塞受潮,菌种带菌等,都可能造成链孢霉污染。

7. 胡桃肉状菌

胡桃肉状菌又名假块菌、菜花菌。该菌主要危害双孢蘑菇、平菇等菇床,发展迅速,是双孢蘑菇生长中有较大威胁的杂菌。

(1) 危害症状　胡桃肉状菌在双孢蘑菇菌床上多发生在秋菇覆土前后和春菇生长后期。在培养料内、料面及土层中都会发生。在平菇栽培过程中,多发生于平菇的出菇中后期。初发时,出现短而浓密的白色菌丝体,一方面产生大量的分生孢子,另一方面形成类似核桃(胡桃)状的子囊,子囊果大小不等,奶油色或乳白色,成熟后变暗红色,释放孢子后慢慢枯萎。发生胡桃肉状菌的菇床,培养料变成黑色并带一些黏团,同时散发出强烈的漂白粉气味。胡桃肉状菌大量发生时,菌丝会逐渐被吃掉,不能形成子实体,子实体散生,其形状及直径大小不一,表面具明显的皱褶,像核桃肉的形状,故称胡桃肉状菌(图45、图46)。当这些子实体在覆土下面大量形成时,可将覆土往上顶起,使床面的覆土出现凹凸不平,菇床不能出菇或只有零星出菇,造成重大损失。

图45 平菇菌袋上生长的胡桃肉状菌

图46 胡桃肉状菌

（2）发生规律 胡桃肉状菌通常生活在土壤中，孢子随覆土、培养料进入菇房，也可随气流、人、工具等传播，子囊孢子特耐热（80℃，7小时）、耐干旱和化学药品，且存活时间长。在10~30℃，有双孢蘑菇菌丝的条件下能刺激萌发，在高温、高湿、通风不良和近中性至偏酸性的菇房发生尤为严重。培养料及覆土在偏酸性的条件下有利于孢子萌发和菌丝生长，培养料或覆土有该菌的子囊孢子能造成该病的发生。分生孢子可随风飞散，或经人和工具传播。子囊孢子可潜伏在菇房、床架和周围场地等环境中休眠，遇到适宜条件便重新萌发进行危害。长时间处于较高温度（20℃以上），培养料偏湿、偏酸的情况下，更容易引起胡桃肉状菌的发生。

8. 白色石膏霉

白色石膏霉又叫臭霉菌、面粉菌和粪生帚霉。常发生在双孢蘑菇、平菇、草菇菌床上。

（1）危害症状 该菌多发生在培养料或覆土表面,发病初期在料面上出现白色绵毛状菌丝体,形成圆形菌落,大小不一(图47-1、图47-2)。几天后,绵毛状菌落变成白色革质状物。后期变成白色石膏状的粉状物,最后变成桃红色粉状颗粒。白色石膏霉产生的孢子量大,传播快,常引起二次感染,造成较大的损失。菌丝自溶后,使培养料变黑、变黏,产生恶臭味,抑制双孢蘑菇菌丝的生长。当石膏霉干枯死亡之后,双孢蘑菇菌丝仍能正常生长。

图47-1 白色石膏霉发病初期

图47-2 双孢蘑菇菌床上的白色石膏霉

(2)发生规律 白色石膏霉平时生活在土壤中或枯枝落叶等植物残体上,孢子随气流、覆土、培养料进入菇房。当培养料发酵不良(堆温太低未腐熟)、含水量过高、pH 值在8.2 以上的条件下易发生和蔓延。培养料发酵质量低或粪料未完全腐熟,也容易发病。

9. 鬼伞类

鬼伞(图 48)为草生类腐生菌,其生活条件和草菇极相似,在食用菌发菌阶段,如果培养料内温度过高,湿度过大,pH 值偏酸时易大量发生。在草菇、双孢蘑菇栽培上最为常见,近年来在平菇的栽培中也时有发生(图 49)。

图 48 培养料上生长的鬼伞

图 49 平菇菌袋上生长的鬼伞

(1)危害症状 鬼伞是草菇、平菇、双孢蘑菇等食用菌栽培中危害最大的一种竞争性杂菌。鬼伞不分泌毒素,但生长速度快,可与食用菌争夺养分,从而影响食用菌菌丝的正常生长发育,致使减产或绝收。在双孢蘑菇建堆、发酵期及栽培床上经常出现鬼伞(图50),子实体早期白色,其后子实体会自溶,呈黑色水状黏液,尤其是菌盖部分。在草菇和平菇栽培中也经常发生。鬼伞为伞菌,常出现在草菇种植堆料周围,生长很快,从子实体形成到溶解成黑色黏汁,只需24~48小时,子实体在菇床上腐烂,发生恶臭,并且容易导致其他病害的发生。

图50 菌床上生长的鬼伞

(2)发生规律 鬼伞大多生长于粪堆草堆、肥土及植物残体上。常发生在培养料堆制发酵不彻底的菇床上(图51),喜高温、高湿、酸性的环境,繁殖力极强,一旦发生,如不及时防治,则迅速发展至整个菇床。培养料添加氮源过量时,培养料的pH值呈酸性反应,或者培养料本身已霉变或带有鬼伞的孢子都有利于鬼伞的生长。在堆制培养料时,鬼伞多发生在料堆周围。菇房内,鬼伞多发生在覆土之前。在培养料堆制发酵不彻底的菇床上,高温高湿的条件下极易滋生鬼伞。

图51　培养料堆制发酵时生长的鬼伞

10. 酵母菌

酵母菌也是食用菌制种、栽培过程中常见的杂菌之一，是一类单细胞真菌。

（1）危害症状　酵母菌侵染后，试管培养基上可形成表面光滑、湿润、油质状或胶质状菌落（图52、图53）。不同种类的酵母菌其菌落颜色及形状不同。有的呈乳白色，有的呈粉红色或黄色（图54）；有的具黏性，有的不具黏性；有的菌落边缘整齐，有的则不整齐；有的菌落表面光滑，有的则皱褶。当培养料被该菌污染时，可引起培养料发酵、发黏、变质，并散发出酒酸气味，从而抑制菌丝生长。

图52　菌袋被酵母菌感染

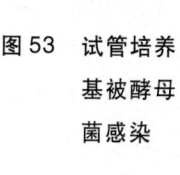
图53 试管培养基被酵母菌感染

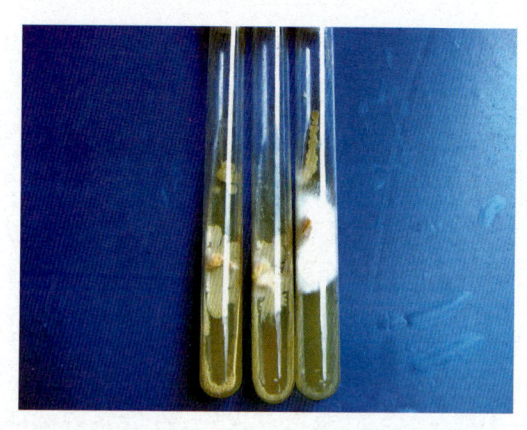

(2)发生规律 酵母菌广泛分布于自然界的空气、植物残体、水及有机质中,孢子通过空气及人为传播,在气温较高、通气条件较差、含水量高的培养基上发生率高。试管菌种被隐球酵母菌污染后,在培养基表面形成乳白色至褐色的黏膜稠液菌落。两者都不产生茸毛状或棉絮状的气生菌丝。在菌种生产和栽培过程中,初次是被空气中的酵母菌孢子污染,以后可通过接种工具或培养料灭菌不彻底等被污染。同时,在气温高、湿度大、通风不良的条件下,该菌已发生。

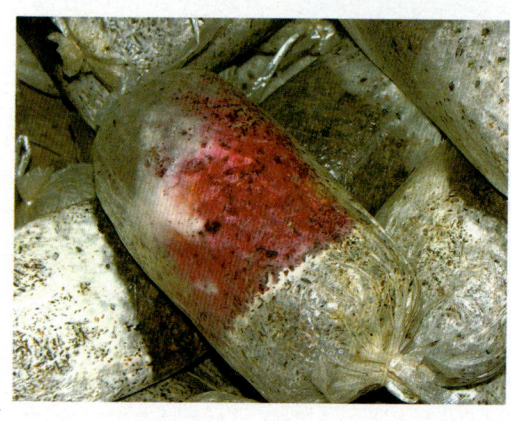
图54 菌袋被酵母菌感染

11. 细菌

细菌是单细胞裂殖的微生物,分布广,繁殖快。它不仅能造成食用菌菌种和栽培料的污染,也可引起食用菌子实体发病受害。

(1)危害症状　试管菌种受到细菌污染后,其细菌菌落多为白色、无色或黄色,呈黏液状,常包围食用菌接种点(图55),菌落形态特征与酵母菌菌落相似,只是受细菌污染的培养基,常发出一种恶臭气味,并使食用菌菌丝生长不良或不能生长。在栽培过程中,若培养料被细菌污染,则呈现黏湿、色深并散发出酸臭味,使食用菌菌丝生长受阻。严重时培养料会变质、发臭、腐烂。

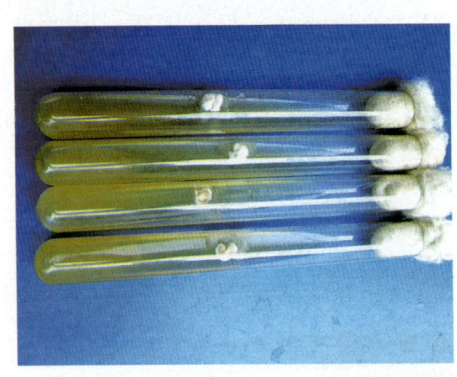

图55　母种培养基菌丝周围的细菌

(2)发生规律　细菌广泛存在于土壤、空气、水和各种有机物中,靠空气、水、昆虫传播。细菌适于生活在高温、高湿及中性、微碱性的环境中,在培养料过湿、pH值为中性或微碱性时,易发生细菌污染。灭菌不彻底是造成污染的主要原因。

12. 黏菌

(1)危害症状　培养料被黏菌侵染后,料面出现胶黏性、半流动性变形体,扇面形,多分枝,脉络状,或鲜黄色。黏菌覆盖子实体。随之腐烂,有酸臭味。黏菌主要生活在菇床料面、菌袋表面及段木上,经常是当天未发现,第二天就发现基物的表面长出一大团的原生质团,原生质团能慢慢移动,有的原生质团还可以移动到菇床床架、覆盖的塑料薄膜等上面(图56、图57)。若环境阴湿,其发展较快,逐渐连片,甚至覆盖整个菇床面。黏菌对食用菌的危害主要是污染培养料和段木,与食用菌竞争空间和营养,同时还可围食食用菌的菌丝和孢子。菇床受害,造成不出菇;菌筒受害,造成烂筒;段木受害容易造成树皮脱落,杂菌大量滋生;食用菌子实体受害,易于腐烂,失去商品价值。

图56 生长在土壤表面的黏菌

图57 培养料上生长的黏菌

（2）发生规律　黏菌主要危害床栽、袋栽、段木栽培的食用菌，如双孢蘑菇、平菇、香菇、毛木耳等。在自然界中分布广泛，生长在阴湿环境中的腐木、枯草、落叶、青苔及土壤上，由孢子和变形体通过空气、培养料、覆土、昆虫及变形体的自身蠕动进行传播。黏菌适宜生长在有机质丰富、环境潮湿且比较阴暗的地方。培养料含水量偏高，菇房（棚）通气不良，气温又较高，有利于黏菌孢子的萌发与生长。温度22～25℃，空气相对湿度95%～100%，pH值5.5～6.5的环境最适合该菌生长。

13. 线虫

（1）危害症状　线虫主要危害双孢蘑菇、平菇、草菇、金针菇、黑木耳等食用菌。有口针的线虫，以口针刺入菌丝内，吸食细胞液，使菌丝生长受阻，甚至萎缩消失。没有口针的线虫，则用头部用力地快速搅拌，使食物断为碎片进行吮吸和吞咽。双孢蘑菇被线虫侵害后，培养料变湿、变黑、变黏，菌丝萎缩消失，造成不出菇并散发出一种特殊的腥臭味。香菇菌筒受到线虫侵害后，产生退菌现象，最后造成菌筒腐烂。黑木耳菌袋被侵害后，发好的菌袋培养料先成片烂掉（如图58），变湿、变褐色、变黏，菌丝慢慢消失，大面积烂筒，并有一种腥臭味；出菇阶段危害时造成烂耳（图59）。

图58　黑木耳菌袋被线虫危害后成片烂掉

图59 线虫造成的烂耳

(2)发生规律 线虫繁殖力极强,一条成熟的雌虫,可产卵10~1 000粒,卵孵化后经2~3次蜕皮即发育为成虫。线虫通过培养料、覆土和水进入菇房,人、工具、昆虫等也可将线虫带入,造成危害。

14. 放线菌

(1)危害症状 放线菌只是个别瓶出现污染,如麦粒外面有白色的粉状斑点,并很容易被误认为是碳酸钙或石膏的粉斑或出现白色纤细的菌丝,很难和双孢蘑菇菌种区分开。菌丝白色,抑制菌丝生长,多数的菌种都会产生土腥味。

(2)发生规律 放线菌在自然界中分布广泛,主要分布在土壤中,以中性、碱性、含有机物的土壤中分布最多。有的放线菌耐高温,在45~57℃下生长旺盛。高温放线菌在食用菌培养料发酵过程中,是一种有益菌,培养料发酵时会出现在料面20~30厘米处(图60),发酵料出现大量的白色放线菌时,原来培养料内的绿霉、青霉等有害菌就会消失。培养料里出现的放线菌越多,说明培养料发酵越好,种植食用菌的成功率会越高。

图60　培养料发酵时的放线菌

15. 碗菌

碗菌常发生在平菇、双孢蘑菇、鸡腿菇、金针菇、姬松茸等食用菌菌床上。

(1) 危害症状　该菌在菌丝生长初期无明显的症状,当成熟时在菌床的畦面上出现淡黄色或黄褐色的小碗状的子囊盘,肉质(图61)。

图61　双孢蘑菇菌床上生长的碗菌

(2) 发生规律　初期为近球形,中间有一开口,长大后开口成碗状,近无柄,密生于床料表面。发生病害的菇床,子实体原基形成少而迟,有的甚至不出菇。

（二）食用菌菌种生产的主要问题及分析

食用菌菌种的生产是一个技术性很强的工作,生产的每一个环节都很关键,如果管理不当,就会造成严重的损失。

1. 食用菌菌种生产过程中要把握的几个关键环节

（1）选择优良菌种　食用菌优良菌种的标准见表1、表2、表3。

1）母种

表1　母种感官要求

项目		要求
容器		完整,无损
棉塞或无棉塑料盖		干燥、洁净、松紧适度,能满足透气和滤菌要求
培养基灌入量		试管总容积的 1/5～1/4
斜面长度		顶端距棉塞 40～50 毫米
接种块大小(接种量)		(3～5)毫米×(3～5)毫米
菌种外观	菌丝生长量	长满斜面
	菌丝体特征	洁白、浓密、生长旺健、绵毛状
	菌丝体表面	均匀、舒展、平整、无角变
	菌丝分泌物	无
	菌落边缘	整齐
	杂菌菌落	无
斜面背面外观		培养基不干缩、颜色均匀、无暗斑、无色素
气味		有菌种特有的清香味,无酸、臭、霉等异味

表2 母种微生物学要求

项目	要求
菌丝生长状态	粗壮、丰满、均匀
锁状联合	有
杂菌	无

2）原种

表3 原种感官要求

项目		要求
容器		完整,无损
棉塞或无棉塑料盖		干燥、洁净、松紧适度,能满足透气和滤菌要求
培养基上表面距瓶（袋）口的距离		50毫米±5毫米
接种量(每支母种接原种数,接种物大小)		(4~6)瓶(袋),≥12毫米×15毫米
菌种外观	菌丝生长量	长满容器
	菌丝体特征	洁白、浓密、生长旺健
	培养物表面菌丝体	均匀、无角变,无高温抑制线
	培养基及菌丝体	紧贴瓶壁,无干缩
	培养物表面分泌物	无,允许有少量无色或浅黄色水珠
	杂菌菌落	无
	拮抗现象	无
	子实体原基	无
	气味	有菌种特有的清香味,无酸、臭、霉等异味

母种、原种等都应选择菌丝洁白健壮,生长势头好的原始母种和原种；母种培养基已萎缩、脱壁、产生小菇蕾、颜色

变深的菌种为老化的标志(图62),这样的菌种活力明显下降,不可采用;应使用具有一定生产和保藏能力的科研单位的菌种;菌种的保藏条件和菌种的活力有很大的关系,如果保藏不好,不仅菌丝萌发不快,而且还会产生变异,产量会明显下降。

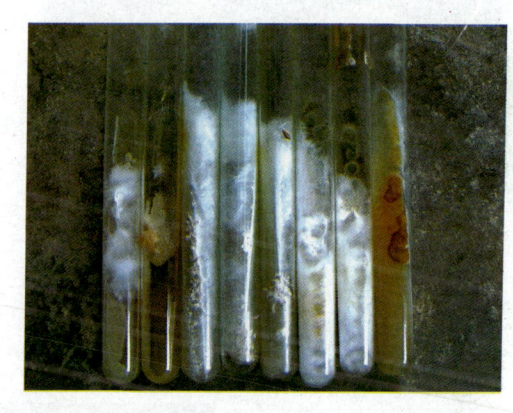

图62 母种的几种不合格菌种

(2)选择优质的培养料 培养料应选用优质的原辅材料;要选择新鲜无霉变、无虫蛀、不结块的优质培养料。木屑的颗粒要适中,不可过大,且不含松、杉、樟等对食用菌菌丝生长不利的木屑;这些木屑不仅芳香味较浓,而且不易灭菌彻底,易造成隐性污染;培养料中添加一些玉米芯、麦麸、米糠等效果较好。

(3)培养料的配比要合理 培养料的配比要营养全面且丰富,并加入一定量的可以有效控制病虫的无公害药品,并掌握好培养料的料水比;培养料的相对湿度一般保持在65%左右(100千克干料加130千克水),超过70%就会使菌袋积水,使菌丝缺氧不能向下生长,菌丝前端变粗、发黄或成索状(图63),应给菌袋扎孔透气,增加菌丝的通透性,这样菌丝才能正常生长;如果培养料含水量过低,菌丝同样也会生长不良,表现为长势细弱,菌丝如蚕丝状,发灰色(图64)。要使培养料水分均匀,拌好培养料后最好堆闷3~6小时,让水分充分被培养料吸收均匀。合适的湿度应该为用手握紧培养料有水从指缝中浸出但没有水滴落下为宜。

图63 菌袋积水(右)和正常生长的菌袋(左)比较

图64 培养料含水量过低(右)和正常生长(左)的菌袋比较

(4)调节好培养料适宜的酸碱度 不同的食用菌菌丝生长所要求的最适酸碱度各不相同。一般木腐菌类适于偏酸环境中生长;粪草腐生菌类喜欢在偏碱性的基质中生长,而不同的杂菌生长的最适酸碱度也各不相同。不同的生长季节食用菌培养料的酸碱度也不相同,一般夏季pH值应高一些，因此，制作菌种或生产栽培食用菌时，将培养料调到最适的酸碱度，以促进食用菌菌丝生长健壮，增强抵抗杂菌的能力。如香菇生产，应将培养料的pH值调到5~6，如pH值5以下，香菇菌丝生长势差，生命力弱，极有利于绿霉、青霉等杂菌的生长，因此，当培养料的pH值在5以下时，应及时用石灰水调到pH值6.5左右（常压、高压后pH值自然会降到5~6）。

图65　母种培养料的灭菌余热烘干棉塞

（5）培养料灭菌一定要彻底　菌袋灭菌时常压蒸锅要搭建合理，菌袋摆放要留有空隙，以利于锅内气体流动，排气孔要设置在锅的底部，冷空气排除要干净，温度计安放要有代表性。高压灭菌生产母种培养基时为防止棉塞潮湿，最好要包一层报纸，而且灭好菌打开的锅盖不要立即掀掉，留出气体的空隙，靠余热烘干棉塞（图65）。制好的母种培养基放置4~5天后，可以检验灭菌是否彻底，这叫做空白试验。母种培养基如果灭菌不彻底，试管的斜面会产生细菌和酵母菌，肉眼能看到，但分辨困难，不影响菌丝的生长，许多栽培户不舍得弃掉，结果导致食用菌菌种带病菌，发育不健壮，造成下一步生产以及出菇等都受到影响。

(6)温度要控制好 温度包括培养料温度和培养室温度两部分;灭菌后培养料的温度过高会导致菌种不活或萌发后菌丝不继续生长。一般情况下灭菌后菌袋的温度根据季节的不同而有不同,夏季灭菌后的料温要降到25℃以下才能接种,但在冬季要抢温接种,温度可达到50℃左右,因为冬季菌袋散热快,培养室的温度一般不要长期高于28℃,最好要有空调控制温度在25℃左右,室温低于10℃以下,菌丝萌发生长慢,菌袋极易生长杂菌;室温高于28℃,会造成菌丝生长过快、菌丝过细、不粗壮,而且菌丝成熟以后易产生老菌皮,出菇慢,产量受到大的损失。

(7)通风(氧气)对菌丝生长的影响 培养料内氧气不足,会严重影响菌丝生长,所以培养料要求装得松紧适当,培养料配比的颗粒粗细要适中,而且菌袋扎口的方法要正确,扎得太紧,菌袋的透气性差,菌丝萌发吃料慢(图66);扎得太松,会从袋口处进杂菌和害虫。培养室要设置前后通风口,空气对流,空气新鲜的培养室会为菌丝提供足够的氧气。养菌期间氧气充足,菌袋生长快,产量明显提高。

图66 菌袋扎得太紧,菌丝生长受阻

(8)接种培养室的杀菌剂残留不要过多也不要时间过长　有的菇农为了节省空间,接种室和培养室没有分开,而且接种的次数很密,使用消毒剂的次数和数量就会很多,菌袋培养室的杀菌剂残留量很大,杀菌剂对杂菌有杀伤力,对食用菌的菌丝也有影响,使菌丝的活力减弱。

2. 菌种制作过程中经常出现的问题及原因分析

(1)菌种不萌发,或萌发不吃料　菌种接入菌袋后,正常情况下3~4天就会萌发吃料,如果迟迟未能萌发,其原因可能有以下几种:

1)菌种质量不优　因菌种传代次数过多,或菌龄过长,造成菌种退化;或菌种在生长发育过程中受到过30℃以上高温的伤害,致使菌种的活力降低。

2)菌种被烧死　接种时菌种在酒精灯火焰上操作的时间过长,使菌种被烧死。培养料灭菌后料温太高就立即接种,把菌种烧死了;或在发菌期间,温度超过30℃,排袋过密,袋温过高,通风不良等,均会造成菌丝不萌发。

3)培养基水分过干　接种后菌种自身的水分反而会被培养料吸收,加上菌种水分的自然蒸发,使菌丝过于干燥;或因接种穴打得太浅,菌种露在穴外,造成干枯致死。

4)培养基偏酸或偏碱　培养基酸碱度过大或过小时,将不利菌丝生长,或菌丝偏弱或不萌发,不吃料。

5)灭菌时间过长,接种箱消毒灭菌用药量过大　有的菇农怕培养料灭菌不彻底,过分增加灭菌时间,造成营养物质分解,pH值下降,接入的菌种长势弱或不生长。接种箱空间消毒用甲醛的含量太大,常常会造成菌丝不萌发。

6)培养料不合格或添加的辅料不当　木屑培养料不能太新鲜,因为新鲜的木屑单宁的含量高,可能会引起菌丝不萌发；培养料中添加的辅料如化肥、磷肥等质量不好，也会造成菌丝不萌发或不吃料的现象。

（2）菌袋生长到一定部位停止了生长

1）培养料灭菌不彻底　病原微生物特别是细菌没有彻底杀灭，在接入菌种后，不会影响菌丝的正常萌发、吃料。但随着时间增长，未被杀死的杂菌开始大量繁殖，当菌丝与大量繁殖的杂菌相遇时，菌丝会停止生长，并在相遇的地方产生一道拮抗线（图67）。打破此菌袋，未长菌丝的培养料会有一种酸臭味。

图67　因菌袋灭菌不彻底菌丝生长出现的拮抗现象

2）培养室和培养料袋温度过高，通风不良　菌丝最适生长温度为25℃左右，培养室温度超过30℃，或料袋摆放过密，料温过高，都会造成菌丝生长缓慢，甚至停止生长，在菌丝停止生长的地方会有一道黄印，打破菌袋，未长菌丝的培养料味道正常。遇到这样的情况，应降低培养室内的温度，增加菌袋内的通风，菌丝就可正常生长。

3）培养基水分过大　培养基含水量应为60%～65%，当培养基含水量偏大时，在培养过程中，受重力的作用，菌袋下部水分更加偏大,当菌丝长到水分大的培养料时,生长就会缓慢,菌丝生长势弱或停止生长。

(3)菌丝徒长但不出菇或出菇很慢　有的菌袋发菌期菌丝持续生长,浓密成团,结成菌块,形成一层又白又厚的菌皮,过多消耗培养料内的水分和养分,影响菌丝正常的呼吸作用,妨碍子实体原基的分化和生长,形不成子实体。

发生的原因:培养料内营养过于丰富,添加营养成分过量。在种植时没有按配方严格操作,配料随意性很强,而且认为营养越多产量越高,并且大量加入含氮量高的辅料,如尿素、白糖、麸皮等,造成了菌丝徒长。

发菌期温度过高,缺少温差刺激,菌丝难以由营养生长向生殖生长转化。

大部分菇农种植食用菌的条件较差,没有一定的设备保证菌丝的正常生长,只能靠自然温度生长,遇到气温骤然变化时,就会直接影响菌丝的生长,菌丝生长时持续高温时间过长,会造成菌袋上有老菌皮产生。

选用菌种温型不对,或菌种自身有问题等。

防治方法:降温增湿,增加菇房温差,抑制菌丝生长,促进子实体分化。菌皮过厚的,用刀片纵横划破菌皮(搔菌),重喷水,加大通风量,可有利于子实体的形成。

(4)杂菌污染和虫害　霉菌污染指能肉眼看到的带有绿色、黄色、黑色或橘红色等颜色的菌袋,霉菌的菌丝体初期都为白色,但其产生的孢子根据霉菌种类的不同而呈现不同的颜色。如果发现有带颜色的菌袋,多数为霉菌污染造成。因为大部分霉菌在100℃、1个小时基本可以杀灭,所以一般感染霉菌的菌袋绝大多数不是因为培养料灭菌的问题,而是因为后期接种时污染的,主要有以下几个方面:

1）菌种本身带有霉菌　有的菌种由于培养室的环境不干净，菌种挑拣不及时，菌种带有霉菌的菌丝或孢子（图68），这时由于霉菌的菌丝开始时也是白色的，不容易和菌丝区分开。有的杂菌是非竞争性的，已经被菌丝所覆盖，无法辨认，但在菌种里潜藏着，会对下一阶段的生产造成很大的损失。所以最好选择正规的菌种生产单位的菌种，不仅能保证菌种的纯度（图69），而且要明确菌种的生物学特性。制种和栽培者都要掌握菌种的菌丝和子实体的适温范围、主要栽培要点、菇体的形态特征等，以便加以控制，获得高产稳产。

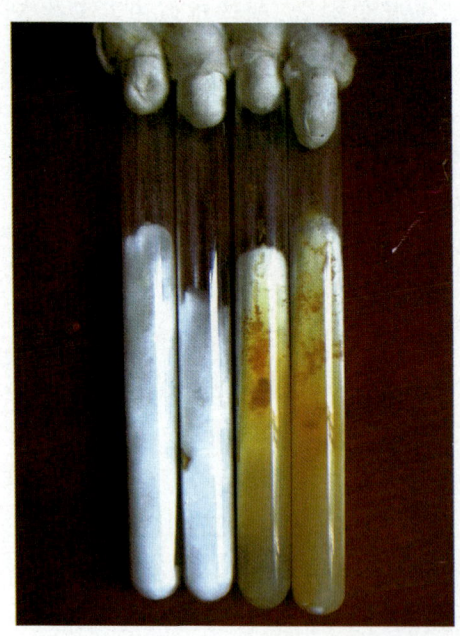

图68　杂菌被菌丝覆盖母种的正、反两面（种子带菌）

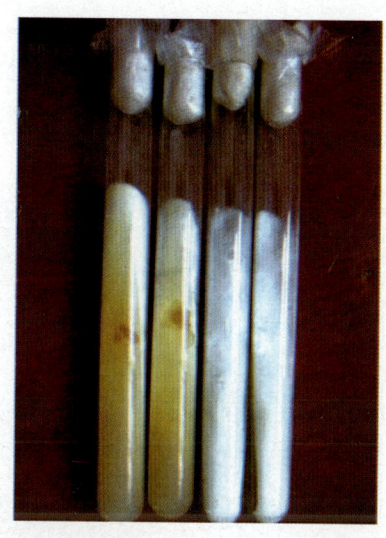

图69 生长正常的母种的正、反两面

图70 接种不当造成的菌袋污染

2）接种时污染　接种过程中，环境消毒不严格，接种速度慢，人员流动大，或开电扇吹风等，均可导致霉菌污染（图70）。最好在接种时严格按照操作规程，在接种前和接种后把空气中的浮尘用清水或消毒水喷雾，减少人员流动。严格无菌操作。消毒时间要足够，一般用甲醛溶液熏蒸应密闭12小时以上，用气雾消毒盒消毒应密闭3小时以上；接种工具除了接种前用75%酒精消毒外,在接种的过程中还要不断消毒,接种针、打孔器、镊子等要在酒精灯上灼烧;待菌袋冷却到25℃以下再接种,以防高温烧菌。

图71　菌袋上微孔使菌种感染虫害

图72　菌袋上微孔使菌种感染杂菌

3)菌袋微孔　一方面有的菌袋质量不过关,有很小的微孔或裂缝,用肉眼很难发现,菌种容易从破损处污染(图71、图72),应选择质量好的菌种和生长袋;另一方面,在制袋的每一个环节,如装袋、高压、出灶、冷却、接种等要小心操作,以减少破袋率,如有少量破损立即用透明胶补上,保证菌种的成功率。

4)培养室环境不洁净 培养室环境不洁净杂菌极易从菌袋口进入,造成菌袋污染。培养室环境的洁净包括菌种室的菌种要及时挑拣被污染的菌袋,一般7天左右挑拣1次,以控制杂菌的蔓延传播。对于培养基可重新利用的污染料,可先将瓶、袋等经高压蒸汽灭菌杀死杂菌后,再掺入新料进行生产,重新利用;对于培养基不能重新利用但污染较轻的菌种,还可用于出菇,但要单独放置,并对病害部位进行消毒。污染严重的要及时进行再灭菌后另作处理,也可以烧毁和深埋。

(5)虫害造成菌袋污染 有的菌种培养室门窗没有窗纱防护,危害食用菌的害虫容易进入,造成培养料虫蛀使菌丝消失。有的菇农在大棚里培养三级种,环境比较潮湿,也会有大量的螨虫滋生,菌袋被螨虫危害后,菌丝由白色变得松散而不白,菌丝退化(图73)。

图73 菌袋被害虫危害状

害虫的控制,多采用预防为主,做到打虫不见虫,一旦大量发生很难用各种办法防治干净,并且防治成本会大大增加。

（三）子实体生长期主要病害及发生规律

1. 疣孢霉病

疣孢霉病又称褐腐病、湿泡病、白腐病，属真菌病害，是菇房中最常见而且危害性最严重的病害之一。疣孢霉不仅危害双孢蘑菇，也危害草菇、平菇、银耳、灵芝等食用菌。

图74　双孢蘑菇疣孢霉病

（1）危害症状　该病原菌只侵染子实体。双孢蘑菇菌丝由营养生长转为生殖生长是该病原菌侵染的有利时机。在双孢蘑菇子实体的不同发育期侵入，其症状表现不同。在菇蕾形成期被侵染，表现在正常菇蕾未出现，病菇就大量生长，形成一种像马勃状组织的异形物，一般病菇比正常菇提前出菇3~4天。在幼蕾生长期被侵染，病菇虽然继续生长，但菌盖发育不正常或停止发育，菇柄膨大变形变质，呈现歪扭畸形，病菇后期内部中空，菌盖和菌柄交界处及菌柄基部长出白色茸毛状菌丝，进而转变成暗褐色，并渗出褐色汁液而腐烂，散发出恶臭味。若空气潮湿，褐色臭汁可从病菇表面渗出（图74），使菌盖和菌柄上出现褐色病斑。在生长中后期轻度侵染,双孢蘑菇菌盖会产生许多瘤状凸起,子实体失去商品价值。

图 75　双孢蘑菇疣孢霉病内部症状

图 76　双孢蘑菇疣孢霉病

（2）发生规律　疣孢霉无性孢子只侵染双孢蘑菇子实体,目前尚没有发现它对双孢蘑菇菌丝有危害作用。疣孢霉病的初期侵染来源主要是覆土中的疣孢霉厚垣孢子。疣孢霉是土壤习居菌。各地的土壤均有疣孢霉菌的存在。目前疣孢霉的寄主范围尚不明确。旧菇房栽培床及周围有双孢蘑菇菌丝生长受刺激时才萌发,萌发的菌丝可侵染双孢蘑菇子实体(图75)。疣孢霉厚垣孢子的抗异性很强,在土壤中可存活1年以上,所以土壤中疣孢霉厚垣孢子都可能成为翌年的初侵染源。疣孢霉病的重复感染源是菇房的病菇。病菇上的疣孢霉孢子在喷水期间向四周传播,人、昆虫、螨类、气流也可以传播。若随意乱丢病菇,致使土壤中疣孢霉孢子增加,加上消毒不严,往往导致疣孢霉病的发生。当菇房温度连续几天高于18℃、空气不流通、相对湿度在90%以上时,疣孢霉病就会大发生(图76)。

2. 轮枝霉病

轮枝霉病又叫干泡病、褐斑病,属真菌病害。轮枝霉除危害双孢蘑菇外,还危害平菇、草菇、银耳等。其病原菌是轮枝霉。

(1)危害症状　轮枝霉病菌主要危害双孢蘑菇。病原菌主要是菌轮枝霉和菌褶轮枝霉。双孢蘑菇子实体被侵染所表现的症状,随感病时期的不同而不同。菇蕾形成初期感病的,生长发育受阻,形成一团组织块,直径约2厘米,较疣孢霉引起的病菇质地紧密干燥,且不腐烂。菌盖菌柄分化期感染的,通常朵形不完整,菌柄基部加粗,变褐色,外层的组织剥裂,菌盖变小,而且常有小疣状附属物。子实体发育后期感病,菌盖顶部长出丘疹状的小凸起,或出现褐色病斑(图77),病斑扩大合并成不规则的大斑块。病斑中部凹陷,在潮湿的条件下长出白色霉状物。与双孢蘑菇疣孢霉病症状的区别在于:不分泌褐色汁液,也不散发恶臭味。

图77　双孢蘑菇轮枝霉病

（2）发生规律　此菌广泛分布于自然界的土壤、有机物之中。在双孢蘑菇栽培中，主要是通过覆土带菌进入菇房。其次是该病菌的分生孢子，常由极黏的黏菌包着，附着在尘土、昆虫、螨类以及人工操作的工具、器具上而传播蔓延。双孢蘑菇菌丝或发育的子实体能刺激轮枝霉分生孢子的萌发。菇房高温（20℃以上）、高湿（相对湿度90%~95%）条件下，极易发生此病。真菌轮枝霉对双孢蘑菇菌丝不会造成感染，但病菌菌丝能沿菌索生长，具有很强的感染力，常在人们尚未发现之前，早已蔓延到整个菌床，形成质地较干的灰白色组织块。轮枝霉菌在土壤中分布较广，目前仅发现一种分生孢子。

3. 镰孢霉病

镰孢霉病又名猝倒病、萎缩病，属真菌性病害。

（1）危害症状　该病是食用菌菌种生产中最常见的污染性杂菌。也会出现在双孢蘑菇、平菇、银耳、金针菇的菌床上，使染病的子实体生长受阻，软腐呈失水状。

菌柄或子实体变褐、干腐，但不腐烂（图78）。在银耳生产中常出现在接种穴处，使其不能出耳或使子实体枯黄萎缩死亡，使银耳的产量大幅下降。其菌丝灰白色，茸毛状，分生孢子镰刀状。

图78　平菇镰孢霉病

(2)发生规律 镰刀霉在自然界中分布广泛,可生活在土壤中、谷物上和植物上。危害双孢蘑菇、平菇、银耳、金针菇的子实体。培养料和覆土带菌是主要的初侵染源,空气传播也是主要途径,病菇上产生的孢子可随水进行再侵染。通风不良、覆土层太厚及高温、高湿都有利于该病的发生。

4. 异形葡枝霉病

异形葡枝霉病又称霜霉病,属真菌性病害。

(1)危害症状 该菌在PDA培养基上菌落呈白色絮状,后有白色絮球出现,并有浅黄色斑块,培养基底部初为白色,后变黄色,最后为橘红色。危害子实体时,在子实体表面有一层白色茸毛状物,并在子实体表面扩展,最后覆盖整个子实体,使整个菇体变软、腐烂。

(2)发生规律 异形葡枝霉病也是一种土壤习居菌。在双孢蘑菇、平菇、金针菇上都有发现。染病的子实体不畸形,也无病斑,整个菇体变软、变黄、变褐、腐烂(图79)。菇体上始终无蛛网状病原菌丝出现,仅有病菇周围出现白色絮状的圆形病原菌菌落,其直径可达20多厘米,被病菌覆盖的覆土不再有子实体产生。异形葡枝霉病生长温度虽在25℃左右,但10℃时也可正常生长,故此病常在低温时流行。其主要通过空气、覆土、水和昆虫传播。

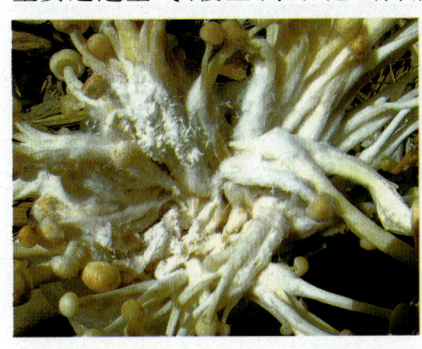

图79 金针菇异形葡枝霉病

5. 细菌性斑点病

细菌性斑点病又名褐斑病。主要危害双孢蘑菇、平菇、金针菇等。

(1)危害症状 细菌性斑点病病斑仅见于菌盖表面,最初呈淡黄色变色区,后逐渐变成暗褐色斑点,并分泌黏液(图80)。黏液干后,菌盖开裂,形成不对称子实体,菌柄偶尔也发生纵向病斑。菌褶很少感染。菌肉变色较浅,一般不超过皮下3毫米。有时双孢蘑菇采收后才出现病斑。

图80 双孢蘑菇细菌性斑点病

(2)发生规律 培养料覆土、管理用水是菇床上病菌的主要来源,空气、昆虫、人、水都是传染源,高温、高湿极利于发病,病菌生长繁殖较快,适宜条件下几小时就侵染菇体而产生病斑。一般菇房温度15℃以上,相对湿度在85%以上时易发生,细菌性斑点病广泛存在于菇床上,正常菇体上也经常会分离到此菌,只有在条件适宜时,特别是湿度条件适宜时,其繁殖达到一定数量后,才能发生侵染而引起病害。双孢蘑菇采摘后贮存期间也可遭受此病菌的侵染,原因是菇体本身带菌。

6. 病毒病及发生规律

引起食用菌病毒病的病原微生物是病毒。病毒粒子不仅从病菇中可以分离出来,而且在表面健全的菌丝中也能观察到浓度相当低的病毒粒子。也就是说感染病毒的菌丝体可以不表现症状。

(1)双孢蘑菇病毒病

1)危害症状 该病危害程度与感染时期有关。双孢蘑菇菌丝感染后,生长缓慢,菌丝退化,变为浅黄色或褐色。覆土后,菌丝细弱,或从覆土层消失,不能形成子实体,在菌床上形成一个无菇区,有时也可能在病区钻出一个褐色的小菇,且提前开伞。子实体感染病毒后,菇体出现畸形,子实体发育不均衡,出现菌柄细长或弯曲,菌盖小,开伞快;或者菌柄中部膨大呈桶形,或者上粗下细,呈"钉头菇"(图81);菌盖薄而平展,成为没有菌褶的畸形菇。菌褶变硬或革质状,菌盖和菌柄上有湿状黏液或菇体水渍状,挤压菇柄有液体渗出。

图81 双孢蘑菇病毒病引起的"钉头菇"

2)发生规律 双孢蘑菇病毒病主要通过健康菌丝与带毒菌丝融合及担孢子传播,带有病毒的双孢蘑菇孢子小,萌发慢。菇床上发病的原因主要是菌种带毒,或空气将带毒的双孢蘑菇孢子带入菇床,生长中的双孢蘑菇菌丝可刺激带毒的双孢蘑菇孢子萌发,从而促使发病;或床架上留有带毒的菌丝或孢子而引起发病。

(2)香菇病毒病

1)危害症状 被病毒病危害的原种表现为吃料慢,菌丝生长不整齐,前沿呈锯齿状。在长好的培养基上出现花斑。代料栽培香菇,在菌种瓶及栽培块、栽培袋上,原已长满的菌丝上部出现"秃斑"现象,即产生一块块的空白斑块,菌丝消失,并使培养料显出原色。在子实体生长阶段,可出现畸形子实体,早开伞,菌肉薄(图82)。

图82 香菇病毒病

2)发生规律 感病后,香菇菌丝在 PDA 培养基上,表现为菌落生长慢,菌丝稀疏。在原种和塑料袋栽培种上则产生退菌斑,即菌丝尚未发到底时,上面的菌丝已开始消退,并产生一块块的秃斑且菌丝生长速度比正常的慢,用带毒的菌种压块,菌丝不易愈合,产生的子实体畸形。

(3)平菇病毒病

1)危害症状

平菇病毒病在子实体上表现出菌柄膨大,呈近球形或烧瓶形(图83),不形成菌盖或在菌柄顶部留有菌盖痕迹,后期产生裂缝,露出白色菌肉,有时形成很小的菌盖;菌盖和菌柄上,有水渍状条纹和条斑,菌柄变扁或弯曲,表面凹凸不平,边缘呈波浪形或缺刻。

图83 平菇病毒病

2)发生规律 感染病毒的菌种可传病、带病和孢子传病。接触过培养料中带病毒的菌丝体、带病毒的手和工具,再接触健康的菌丝体、菇体,就会传染病毒病。由于培养料菌丝体有相近连接的特性,会引起病毒病向周围健康菌丝体蔓延。

五、食用菌病虫害的无公害防治

相对而言,食用菌是属于绿色无公害食品,病虫害防治上必须坚持"以防为主,防重于治"的原则,提倡生态防治、物理防治、不用或少用化学农药的无公害综合防治措施,确保食用菌产品无污染、安全卫生。

(一)食用菌无公害防治的基本原则

1. 搞好环境卫生,杜绝虫源、菌源

接种室、培养室要有专人负责打扫、消毒和定期检查,如发现有污染的菌种应立即处理,不可随地乱丢。

对栽培场所及有关设备进行彻底灭菌、定期杀虫,同时搞好周围环境卫生工作,以杜绝虫源、菌源。

发现病菇、虫菇要及时除去,采下的病菇、虫菇要集中销毁或深埋,不可丢在菇房周围。

注重大环境卫生,保持整个生产区域的干净卫生,包括生产环境、生活环境等,避免大环境恶化。

2. 选择优良菌种,严格无菌操作规程

选用纯正、抗病和菌龄适宜的优良菌种,适时接种,以保证接种后恢复生长快,生长健壮。接种应严格按照无菌操作规程,提高成品率,既可降低成本,又可减少病虫源。

3. **选择优质培养料,严格消毒灭菌**

选用优质、无霉变、无虫蛀的栽培原料,培养料配比要合理,并进行严格的灭菌、杀虫。

4. **科学管理,及时清除病虫**

创造适宜的温度、湿度及通风条件,尽量使环境条件对食用菌生长发育有利,而对病虫害的发展蔓延不利。

在栽培管理过程中,要经常认真细致地进行检查,一旦发现病虫害,就要及时采取措施进行防治,防止其扩散蔓延。

食用菌采收后要及时清理残菇和已带病的菇、耳,以免招引病虫害;对3年以上的大棚,在使用之前要进行彻底消毒和杀虫,并做到连续多次,防止病虫侵入或菌棒带菌。

(二)食用菌无公害防治的基本措施

1. **生态防治**

生态防治要求优化环境,消除污染,这是病虫害防治工作的基础。具体应做好以下几个方面的工作:

(1)选好场地　在挑选场地时满足无公害食用菌产地环境条件中对栽培房的4个要求。

一是要远离污染区。养菌室应离食品酿造、畜舍、医院和居民区至少3 000米以外(图84)。

二是结构合理,坐北朝南,环境清洁,空气流通,门窗安装防虫网,墙壁刷白灰。

三是选用无公害的次氯酸钙药剂消毒。该药接触空气后迅速分解成对环境、人体及食用菌生产无害的物质,消灭病原微生物效果较好。在生产季节到来之前,事先做好菌种场地和栽培场地的卫生大扫除,对所有的生产设施和机械进行清洗、消毒和保洁工作,操作人员的衣服、鞋、帽子都必须清洁。

图84　结构合理、远离污染区的食用菌大棚

四是物理杀菌。安装紫外线灯或电子臭氧灭菌器等进行物理消毒,取代化学药物杀菌。

(2)优化生态环境　产地生态环境要按照国家GB/T 18407—2001《农产品安全质量　无公害蔬菜产地环境要求》中规定的土壤质量、水质量、空气质量的指标,控制污染源。

(3)合理轮作　野外栽培的场地,采取食用菌和蔬菜轮作(图85),或食用菌和作物轮作的方式,对食用菌防治病虫害很有好处。因为长期栽培一个品种,病虫害繁殖指数及抗逆能力也随着上升和增强。如果采用轮作,间隔1~2年后再种植食用菌,由于所发生的病虫种类和基数不同,病虫害的适应性差,侵害也就减少了。

图85 大棚内食用菌和黄瓜轮作

2. 生物防治

利用生物或生物代谢产物来防治病虫的,称为生物防治。生物防治包括采取植物性药物和培养动物性天敌来治虫,以及增强菇自身抗病虫能力。具体措施如下:

(1)植物药剂 利用有些植物含有杀菌驱虫成分,作为防治病虫的药剂。如除虫菊是绿色植物农药的理想原料,主要含有除虫菊素和瓜叶除虫菊素等有效杀虫成分,花、茎、叶可制除虫菊酯类农药。使用时可将除虫菊加水煮成药液,用于喷洒菇房环境,杀灭害虫;还可将除虫菊熬成浓稠液,涂于木板上,挂在灯光强的地方诱杀菇蝇、菇蚊,效果很好。此外,茶子饼也是植物农药,茶子是油茶树的种子,榨油剩下的茶子饼,气味芬芳,有杀虫效果,将其磨成粉撒在纱布上,螨虫就会聚集于纱布,然后把纱布放在浓石灰水里浸泡,螨虫便被杀死,连续多次,杀螨效果可达90%以上。此外烟草、苦楝、臭椿、辣椒、大蒜、洋葱、草木灰等都可作为植物制剂的农药,用于杀虫,成本低廉,又无公害。

(2)微生物杀虫剂

1)苏芸金杆菌(简称Bt) 是一种存在于昆虫体内的病

原细菌,可防治鳞翅目害虫、线虫和螨类。在温度30℃左右时,杀虫死亡速度快,是理想的生物农药,对人、畜安全。苏芸金芽孢杆菌的侵染方式是内毒素作用,使害虫致死,对环境安全。此外,还可采取以虫治虫的方式,如利用寄生蜂、寄生蝇等防治其他害虫。

2)阿维菌素　是由日本北里大学大村智等和美国Merck公司首先开发的一类具有杀虫、杀螨、杀线虫活性的生物杀虫、杀螨剂。是一种新型抗生素类,具有结构新颖、农畜两用的特点。其作用机制与一般杀虫剂不同的是干扰神经生理活动,刺激释放γ-氨基丁酸,而γ-氨基丁酸对节肢动物的神经传导有抑制作用,螨类和昆虫与药剂接触后即出现麻痹症状,不活动不取食,2~4天后死亡。因不引起昆虫迅速脱水,所以它的致死作用较慢。但对捕食性和寄生性天敌虽有直接杀伤作用,因植物表面残留少,因此对益虫的损伤小。对根节线虫作用明显。随着人们生活水平的提高以及对绿色食品的需求,生物农药在当前农药市场中备受青睐。

(3)壮菇抑病虫　所谓壮菇抑病虫就是从各方面创造条件,育壮食用菌菌体,以强制胜,抑制病虫害(图86)。

图86　生长健壮的食用菌菌棒

(4)选择有特异性气味的菇类进行交叉轮种 如竹荪有一股特别浓香气味,蕈蚊等害虫闻味即飞,不敢接近。可在较大菇棚旁栽培几平方米面积的竹荪,让其子实体散发气味,驱逐蚊虫;也可作为轮换品种,使菇棚内具备自然防治虫害的基础条件。

3. 物理防治

物理防治是利用各种物理因素、人工或器械杀灭害虫的方法。

(1)食用菌培养料的高温发酵和灭菌

1)高温发酵: 分为全发酵、半发酵和自然发酵。

a. 全发酵 分为一次发酵和二次发酵2个时期,需时较长,目的在于制作适宜双孢蘑菇类食用菌生长发育的培养基(图87)。

一次发酵

二次发酵

图87 培养料全发酵法

发酵可以使培养料有良好的理化性质,把发酵微生物基质中的养分转化为栽培食用菌易于吸收的状态,将一部分食用菌难以分解的木质纤维素降解为相应的小分子,将大分子的蛋白质降解为肽和氨基酸。同时,消除秸秆的蜡质层,软化秸秆,增加通透性、持水性和可利用性。

全发酵还可以使培养料有良好的微生物区系,在科学合理的碳氮范围内堆积发酵,自然存在的多种微生物大量增殖,形成特有的微生物区系。这些微生物有利于基质养分的转化,有利于食用菌的生长发育,而不利于竞争性杂菌的定植和生长。

全发酵还可以杀死有害生物,经过高温发酵,基质中自然存在的有害生物被杀灭,如危害食用菌的各类细菌、霉菌、线虫、螨和昆虫。

b. 半发酵 常用于平菇、鸡腿菇的发酵料栽培和熟料栽培、栽培种的基质灭菌前的材料处理,需时较短。半发酵直接用于栽培时,一般需要4~6天,发酵后再灭菌的只需1~2天。目的在于通过堆料升温,诱导基质中自然存在的芽孢菌中的芽孢的萌发,缩短灭菌时间,节约能源。基本方法为:将各种培养料按规定配方混合,加水搅拌均匀,建堆,自然发酵,一般一夜即可升温至40℃左右,在这一温度下,芽孢菌很快萌发,次日即可装袋灭菌,灭菌时间可大大缩短(图88)。这一方法在香菇和平菇熟料栽培中应用较多。

图88 平菇培养料半发酵法

发酵过程注意事项：

气温对发酵过程影响很大,当气温在20℃以上时最有利于发酵,若气温低,发酵时间要延长,应特别注意保温。

培养料含水量对发酵过程和质量有很大影响,当水分高于70%以上时,培养料会发黏、发臭或腐败变酸,料温上升缓慢;当水分低于50%时,会出现烧堆的"冒烟现象"。出现以上情况时,要马上散堆调节水分后再重新建堆。

培养料发酵期间不要让太阳直射和雨淋。

堆的形状大小也影响发酵过程,一般堆积发酵每堆不能少于250千克培养料。堆的形状以梯形长堆为好。料多时增加堆的长度,这样建堆可以保持堆内外料温差别小,发酵比较均匀。

调整好发酵料的水分是栽培成功的关键,将发酵前的水分掌握在手握培养料有水渗出且有3~4滴水滴下为宜,因发酵过程中水分会自然蒸发减少,也会自然地渗透到培养料里一部分,所以发酵后装袋的料所含水分应掌握在用手握培养料手指间有水印但无水渗出为宜。注意,在装袋前调整水分含量时,要以"宁干勿湿"为原则。

c. 自然发酵　多种树种的新鲜木屑食用菌不能利用,经自然发酵后即可使用,但多种针叶树的木屑,由于含有芳香族物质,多数食用菌不能利用,经人工发酵也难以利用。有的食用菌分解木质纤维的能力较弱,在新鲜木屑上栽培产量较低,而在自然发酵过的木屑上生长较好,可获得更好的栽培效果。自然发酵不需过多的人为控制,只是需要相对较长的堆积时间,一般需要在自然状态下堆积3~6个月。金针菇和杏鲍菇在自然发酵过的木屑上生长要较新鲜木屑上生长快、产量高。

2)灭菌　灭菌的目的是杀灭基质中的所有生物,创造食用菌生长必需的无菌环境。灭菌又分为高压灭菌和常压灭菌2种。

图89　琼脂培养基高压灭菌

a. 高压灭菌法　是食用菌生产过程中非常重要的一种灭菌方法,通常在高压锅内进行。高压锅密闭性好,能承受一定的压力,由于蒸汽不能逸出,水的沸点随压力增加而提高,因而加强了蒸汽的穿透力,可以在较短的时间内达到灭菌的目的,即使是抗热能力很强的芽孢杆菌,在1.5个大气压121℃,经30~40分,也可全部杀死。高压灭菌一定要在达到一定的压力后,再维持一定的时间,才能收到灭菌的效果。灭菌的压力和维持的时间,因灭菌物体的容积和介质不同而有区别;琼脂培养基在手提的高压锅内(图89),压力达到1.5个大气压时,保持30分即可,时间超过2小时培养基不容易凝固);一般的培养料在中型的压力锅内,压力达到

1.5个大气压以上,要保持1~1.5小时才能灭菌彻底(图90),麦粒、谷粒菌种的灭菌时间更长一些,一般要保持2个小时以上。从理论上讲,这么大的压力和这么长的保压时间,应该可以杀灭培养料里的所有生物,但在实际应用中还会出现培养料灭菌不彻底的现象,这是由于所装的菌袋过于紧密或高压锅灭菌时没有把冷气放干净,使得菌袋中间的温度未达到规定的要求所致。

图90　培养料高压灭菌

b. 常压蒸汽灭菌　最早的常压灭菌方法是间歇灭菌,也称分段灭菌法,用普通的蒸笼、蒸灶均可进行,方法是将培养基或培养料放进蒸笼内,大火升温,从锅内水沸腾、锅盖冒出蒸汽时开始计时,连续蒸30分,然后停火让其自然降温冷却,温度在25℃左右保持24小时,第二天重复第一天的过程,第三天还重复第一天的过程,这样就完成了间歇灭菌的全过程。经过间歇灭菌培养料或培养基内的生物,包括细菌的芽孢和真菌的厚垣孢子都会被杀死。这样灭菌的原理是,经过第一次蒸煮后,没有被杀死的芽孢等受高温、高湿的环境的培养,在以后的24小时的保温期间,由萌发而转入活动状态,成为具薄壁的营养菌体,在第二次2小时的蒸煮过程中可被杀死,剩下极少数休眠芽孢,经过第二次高温、高湿刺激又萌发为营养体,第三次蒸煮时即可全部被杀死。

由于间歇灭菌需要3天才能完成,比较麻烦,因此目前食用菌生产中大多用一次蒸煮灭菌来代替间歇灭菌,即现在普遍采用的常压灭菌法。

由于常压灭菌的设备容器密闭性能和灭菌物品介质不同,灭菌温度通常在95~105℃。常压蒸汽的效果与热力穿透有关,这是因为水蒸气在凝聚时能放出潜在热,使温度上升;水蒸气在凝聚收缩后,能产生一定的负压,不断从外层蒸汽得到补充,因而提高了蒸汽的穿透力,使温度快速升高,从而达到灭菌目的(图91)。

图91　培养料常压灭菌

在我国目前农业方式栽培的水平下,多采用常压灭菌,一般需要8~16小时。

(2)特殊光线杀灭病原微生物　接种室、超净工作台、缓冲室内安装30瓦紫外线灯,每次照射25~30分,可有效地杀灭细菌、真菌和病毒。还可采用波长36.5~40纳米的黑光灯诱杀害虫。许多昆虫具有趋光性,可在菇房棚内安装黑光灯诱杀蝼蛄、叶蝉、菇蚊、菇蝇、菇蛾。

（3）臭氧杀菌　臭氧具有高效广谱消毒作用。可通过高压放电,把空气中的氧气转变成臭氧,再由风扇把臭氧吹散到空间消毒杀菌,或由气泵把臭氧注入混合水中形成灭菌水剂,喷洒消毒灭菌,这是新一代消毒设备(图92)。

图92　臭氧杀菌器

（4）隔离保护　食用菌发菌室门窗安装尼龙窗纱网,防止窗外蛾、蚊蝇及其他昆虫飞入危害。野外菇棚栽培时,可用30目的尼龙遮阳网遮盖,既可防虫,又可遮阳。

（5）人工捕杀　食用菌菌袋在室内发菌培养阶段常遭鼠害,可采用捕鼠夹捕捉,野外菇棚常出现蛴螬、蛞蝓等入侵,可直接捕捉。

4．农药防治

认真执行《农药限制使用管理规定》,在使用农药时,必须慎之又慎,不得马虎。实施无公害生产需控制使用农药,必须做到以下4点：

（1）用药原则三层次　利用农药治虫是一种应急措施。在确实需要用药时,认真执行三层次：首先,应选用生物农药或生化制剂农药,如8010、白僵菌、天霸等；其次,选择特异性昆虫生长调节剂农药,如农梦特、抑太保、除虫脲、灭幼脲等;第三,选用高效、广谱、低毒、残留期短的药剂,如敌百虫、敌菇虫、福美双、百菌清、克螨特、克霉灵等。用药时期还要"两强调",即强调在未出菇或每潮菇采收结束后使用,并注意少量、局部施用,防止扩大污染;强调在长菇期间严禁喷洒药剂。

(2)药品对象两禁用　所有使用的农药,都必须经过国家农业部农药检定所登记。禁用未取得登记和没有生产许可证的农药;禁用无厂名、无药名、无说明书的农药。

(3)用药方法三不得　任何农药在使用时,一不得超出规定的使用范围。因此首先要熟悉病虫种类,了解农药性质,按照说明书规定掌握好使用范围、防治对象、用量、用药次数等事项。二不得盲目提高使用浓度,做到用药准确、适量、正确复配,交替轮换用药。三不得长期使用一种农药,使病虫产生抗性。同时还要选用相应的施药器械。

(4)注意安全四个要　一要操作人员戴好防毒口罩和手套,禁用手拌药;二要配药远离水源和居民区的安全地方;三要药品由专人看管,防止丢失或人、畜误食中毒;四要打药期间做到不得饮酒、吸烟、喝水、吃食物,不得用手擦嘴、脸、眼睛等。

六、食用菌主要栽培品种常见病害识别与防治

（一）鸡腿菇常见病害的识别与防治

1. 鸡腿菇总状炭角菌（鸡爪菌）

总状炭角菌（鸡爪菌）是鸡腿菇出菇生长过程中特有的并且危害较严重的病原菌，可造成鸡腿菇减产甚至绝收（图93-1、图93-2）。

图93-1　鸡腿菇培养料上生长的鸡爪菌（一）

图93-2 鸡腿菇培养料上生长的鸡爪菌(二)

(1)发生条件 总状炭角菌菌丝总是与鸡腿菇菌丝混合在一起,很难区分开来,主要是菌种携带病原引起的,在春、秋季节发生严重,温度高于20℃时,极易发生,在第二潮菇以后更为严重。

(2)防治方法

应使用纯菌种。培养料灭菌要彻底,常压灭菌时,温度要达到95℃以上,并保持10小时以上。

脱袋覆土栽培时,要仔细检查菌袋内菌丝生长状况,将出现有菌丝体呈索状、变黄的菌袋,疑为侵染总状炭角菌的菌袋要单独栽培,才能防止扩散传染。

在气温较高或较低时,应采取不脱袋栽培,即在袋口内覆土栽培,这样可防止总状炭角菌传染。

出现总状炭角菌时,用碳酸氢铵及时撒于鸡爪菌上面,可使鸡爪菌得到控制;也可以挖出菌筒和取出覆盖的土壤,防止传染整个菌床。

栽培场地和覆盖用土,要选择在上一茬未栽培过鸡腿菇的场地内栽培;并在土壤中喷洒多菌灵或克霉灵进行消毒后使用,覆土所用土壤的水分要以手握成团、摔下即散为好,切忌用大水灌溉鸡腿菇菌床。

2. 鸡腿菇黑头病（图94）

鸡腿菇菌盖上出现黑色斑块,其病原菌为轮枝霉菌,是一种常见的病害,可造成鸡腿菇商品质量严重下降。

图94 鸡腿菇黑头病

（1）发生条件　在温度为15~25℃,湿度大时,易发生。主要通过土、空气传播而感染。

（2）防治方法　栽培场地应选择在上一茬没有种过鸡腿菇的场地;栽培前,应喷洒0.1%多菌灵或1:(200~300)倍的克霉灵,对场地进行除菌处理。

覆盖用土要选择上一茬没有种过鸡腿菇和其他食用菌的土壤;取菜园地土壤时,要去掉表层10厘米以上的土壤,取下层土壤使用。并在土壤中喷洒食用菌专用杀菌剂克霉灵、菌灭绝等,混合后覆盖塑料薄膜1~2天,或喷洒0.1%多菌灵拌土杀灭土壤中的病原菌。

出现感病后,加强通风换气,及时摘除病菇,并用石灰粉覆盖病菇的料面。

3. 鸡腿菇黑腐病

鸡腿菇黑腐病,初期子实体上出现褐色斑块;后期变为黑色。严重时出现菌盖腐烂,只残留下菌柄,是一种细菌性病害,其病原菌为假单孢杆菌(图95)。

图95　鸡腿菇黑腐病

(1)发生条件　出菇时土壤含水量偏高,空气相对湿度在99%以上时,极易发生,特别是在夏季隧道内栽培时易出现该病。

(2)防治方法　子实体生长期间加强通风换气,降低温度,将空气相对湿度控制在90%以下。

出菇期间,不能在土壤和菇体上喷水来保湿,同时防止水滴在菇体上。

出现该病后,在初期可喷洒100国际单位的农用链霉素来抑制其生长和扩散,每次喷药不要过多,连续进行2~3次。

覆土后,在土表撒一层干石灰粉,降低土表水分,可减少该病发生。

出菇场地要求较干燥,通风良好;在夏季隧道内栽培时,应选择不渗水,可通风换气的场所生产鸡腿菇。

4. 变色菇

鸡腿菇菇体菌柄出现褐色,或者菌柄完全变成褐红色,但不腐烂变质,生长发育正常,但会降低商品质量。

(1)发生条件　覆土层含水量偏高,子实体上水分过重造成。

(2)防治方法　出菇期不能在菇体上喷水,一旦喷水过多,菇体就会出现变褐现象。

隧道内栽培时,要防止水珠滴在菇体上,顶部有水珠出现时,要用无滴膜隔离。

5. 鸡腿菇干枯病

鸡腿菇子实体顶部干枯、萎缩,生长停止(图96)。

图96　鸡腿菇干枯病

(1)发生条件　空气相对湿度较低,干风直接吹向子实体,造成菇体顶部失水干燥生长停止,继而出现萎缩死亡。

(2)防治方法　子实体生长期间,减少通风量防止风直接吹向子实体,保持空气相对湿度在80%~90%。

鸡腿菇干枯萎缩后应及时摘除,减少通风量,在人行道和墙壁上洒水增加湿度,让其他菇正常生长发育。

6. 鸡腿菇子实体鳞片菇

鸡腿菇子实体正常情况下菌盖比较光滑、美观,但管理不当会在鸡腿菇子实体的菌盖上出现大量像鱼鳞一样的片状物,叫做鳞片菇(图97)。这种菇一般不会直接影响子实体的生长,但会影响鸡腿菇鲜品的质量。

图97 鸡腿菇鳞片菇

(1)发生条件 出菇时空气的湿度偏低,通风量太大,造成菇体表面失水而形成。

(2)防治方法 鸡腿菇覆土时土壤的水分要适宜,在发菌和出菇两阶段注意保持湿度,而且减少通风,因为鸡腿菇覆土后的菌丝生长和出菇阶段一般不能直接喷水到培养料和床面上,要经常在菇棚的走道和四周墙壁上洒水增加空间的湿度,使料床上保持一定量的水分,使鸡腿菇能正常生长。

7. 鸡腿菇长柄菇

(1)发生条件 鸡腿菇出菇阶段温度较高,生长过快;覆土层过薄;培养料营养不充足所致(图98)。

图98 鸡腿菇长柄菇

（2）防治方法 当气温超过22℃时，注意及时控制温度，覆土厚度要超过10厘米，土壤的养分和培养料养分要充足。

8. 鸡腿菇成熟过度

成熟的鸡腿菇若不及时采收，就会形成鸡腿菇的菌盖超大，柄细长，并且出现菌盖慢慢变黑最后全部成黑水状（图99、图100）。

图99 鸡腿菇生长过度菌盖即将溶化状

图100 鸡腿菇成熟过度状

(二)双孢蘑菇常见病害的识别与防治

1. 双孢蘑菇生理性病害

(1)薄皮早开伞菇　出菇密度太大,温度高,或湿度偏低,子实体生长快而柄细盖薄,会提早开伞(图101)。

图101 双孢蘑菇早开伞菇

预防措施是前期搞好培养料的发酵,合理覆土,生长期加强通风,注意保持菇房适宜的温、湿度,适当追肥,补充养分等,能有效预防薄皮早开伞菇的出现。

(2)空根白心菇　喷水太少,覆土层较干燥,子实体得不到充足的水分,菇柄产生白色髓部,甚至空心(图102、图103)。

图102　双孢蘑菇空心菇

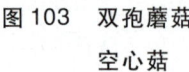

图103　双孢蘑菇空心菇

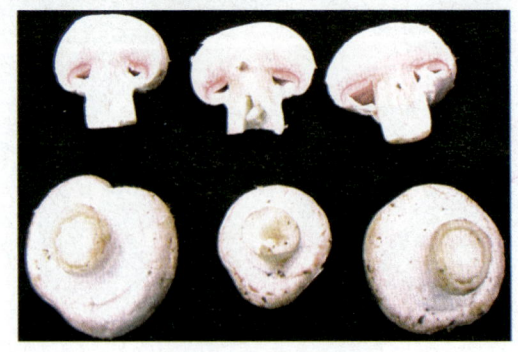

预防措施主要是适时适量喷水,维持菇棚合适的温度、湿度,高温期应早、晚通风,中午关窗,避免温度过高以及水分蒸发过快;出菇期菇房空气相对湿度保持在85%~90%;出菇水和结菇水要喷足,避免出现外湿内干、上湿下干现象。

（3）硬开伞菇　秋末冬初,尚未成熟的蘑菇子实体,菌盖与菌柄及分离开裂露出淡红色菌褶的现象叫做硬开伞（图104）。发生原因是温度突然下降到18℃以下,昼夜温差达10℃,或遇强冷空气袭击,使生长在土层内的菌柄与暴露在外的菌盖生长不均衡,均会引起蘑菇硬开伞。母种培养期间,若从气生型菌种中挑选了基内型的菌丝,当年栽培也往往易产生硬开伞。

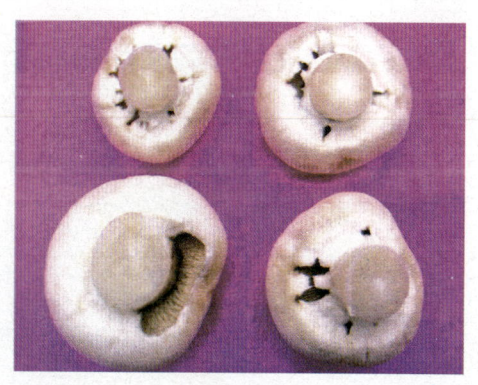

图104　双孢蘑菇硬开伞

预防措施是关注天气预报,当气温骤变时,做好菇房的保温工作,菇房外应加盖草帘,不让冷风吹进菇棚,减少温度变化,保持适当的空气湿度及培养料含水量,促进整个子实体均衡生长;选种时,改变挑选菌种的类型,避免将气生型菌种快速改变为基内型菌种。

（4）地雷菇　菇形不正常、不完整,形似地雷（图105、图106）。这种菇多发生在出菇初期,质量差、出菇稀,并且在出土过程中严重损伤周围的幼小菇蕾,影响正常菇的产量和质量。

图 105　双孢蘑菇地雷菇

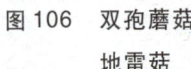

图 106　双孢蘑菇地雷菇

发生原因主要是培养料入菇房时湿度过大,粗土调水时,菇房通风过久,菇房通风过量,覆盖细土过晚,料温较低或料内混有泥土,而覆土表面却过干,于是子实体就在料内或覆土下层分化,发育成熟,破土而出。若采用了基内菌丝类型的菌种,也会使菌丝出土慢,结菇部位过低,结菇早。

预防措施是应掌握喷水适量、通风适时、保持土层合适的含水量,覆土不宜超过3厘米,培养料内不宜混进泥土,不使用掺土的牛粪,避免料温和土温差别过大,要在粗土层还未形成菇蕾时覆盖细土,使菌丝吊在黏土之上、细土之下,防止过早结菇。

(5)菌盖不规则　覆土过厚,偏干,土粒过硬,土粒偏大,细土覆盖太迟,出菇部位太低,出菇过密,丛菇多,互相挤压,长大艰难(图107)。

图107　双孢蘑菇菌盖不规则

图108　菇体失调

预防措施是提高覆土质量,粗细适宜,时间勿过迟,覆土后及时调节好水分,采菇时要细致。

(6)菇体失调　菌盖小而柄细长或特粗,菇房温度过高或通风不良,二氧化碳含量超过0.3%,菇房温度长时间低于12℃或温差过大,蘑菇发育温度不适宜,低浓度药害等(图108)。预防措施主要是加强菇房通风换气,不产生死角,室温控制在15~18℃,尽量不使用农药,可喷施蘑菇健壮剂。

(7)菇体生瘤或变色　覆土受污染或低温袭击,菇房用煤炉加温且通风不良,产生缺氧或有害气体毒害。发生红菇主要是使用追肥、农药不当,或喷洒高浓度石灰水所致(图109)。

图109　双孢蘑菇菇体变色

预防措施是对污染的覆土要及时更换,低温季节可采取室外生炉火用管道通入室内加温,避免污染菇房空气,科学追肥,合理使用农药。

(8)红、绿根菇　栽培料偏酸,出菇前高温阶段喷水过多,覆土层含水量过大,追施葡萄糖超量,喷用石灰水、尿素溶液浓度过高,菇房通风不良等都易导致红、绿根菇。

预防措施主要是应调整好培养料的酸碱度,产菇期土层含水量保持在22%~25%,避免高温时洒水,采菇期菇床不能喷水,追肥浓度要适当。

(9)水锈斑菇　菇房内及培养料表面喷水后没有及时通风换气,菇房湿度过大,蘑菇表面出现小水滴,时间一长,会形成铁锈色的斑点(图110)。

图110　双孢蘑菇水锈斑菇

预防措施是用水要清洁,每次喷水后应打开门窗30~60分通风换气,防止空间相对湿度在95%以上。

(10)蛇皮菇　在北风寒冷季节,空气相对湿度低,当干燥的北风进入菇房,菇体表面水分蒸发过快,菌盖表皮组织失水、干缩开裂成蛇皮状,延续时间长时,菌盖颜色变黄,甚至成为褐色,严重影响感官质量,降低商品价值。

预防措施是调节好覆土及空间湿度,北风干燥季节可以空间喷雾增加相对湿度,严防北风进入菇房。

2. 死菇

(1)发生原因

秋末温度过高(超过23℃),春季出菇期间气温回升过高(连续数天温度在21℃以上),造成小菇蕾因缺乏营养萎缩死亡(图111)。

图111 双孢蘑菇死菇

菇房通风不良、氧气不足、二氧化碳浓度过高,新陈代谢过程中产生的热量不能很快散发,会使小菇蕾供氧不足或高温而成批死亡。

覆土后出菇前菌丝生长过快,出菇部位过高,形成的菇蕾营养供应不足,而使部分菇蕾死亡。

气温在22℃以上,相对湿度在95%以上,喷水后关闭门窗,菌丝体表面渍水,小菇蕾窒息死亡。

采菇及其他操作不慎,致使机械损伤造成死菇;喷药的次数偏多,浓度偏大,菇蕾因药害而死亡;因虫害造成的死菇等。

(2)防治方法 根据当地的气候条件,安排好接种时间,避免高温季节出菇,同时要注意菇房降温,防止高温袭击。

双孢蘑菇的生长发育和任何生物一样,需要有充足的营养基础,要使蘑菇栽培获得高产,避免因营养不良而产生的菇蕾死亡现象。在培养料配制时要求投料量 30~35 千克/米^2,并认真做好培养料的堆制和发酵工作,这样有利于防止出菇后期因营养不足而死菇,从而获得高产。

在覆土调水阶段要防止菌丝长出土面,压低出菇部位,避免出菇过密。

水分管理应以天气、出菇量因时制宜。晴天多喷,阴雨天少喷,菇多勤喷,菇少慎喷。结菇水要狠,出菇水要稳,转潮水要重,维持水要常。进行科学用水,避免喷关门水。

蘑菇的正常生长发育必须吸收氧气,排出二氧化碳。高浓度的二氧化碳对子实体发育有害,菇棚长期通风不良,二氧化碳浓度过大,氧气不足,对蘑菇生长发育带来不良影响,因此,在栽培中要注意通风换气。料层积水时用竹签扎孔,改善通风状况。

防治病虫杂菌时要"以防为主,药剂为辅",用药不要过量,出菇期间忌用药。彻底清除病源及虫源,防止病虫随培养料带进菇床;利用培养料的后发酵来防治病虫害;病虫害发生后及时清除病菇、死菇,并用药物防治,以防扩大蔓延。

3. 双孢蘑菇细菌性斑点病

又名细菌性麻脸病、细菌性褐斑病、细菌性凹点病(图 112-1、图 112-2)。寄生在双孢蘑菇子实体上,也污染琼脂和谷粒培养基。侵染子实体时,在表面出现圆形或不规则形状的黄色病斑,后病斑变成巧克力色并产生暗灰至褐色黏液,发出臭味。一般通过水、谷粒、土壤、堆肥、昆虫、工具以及人来传播。

图112-1 双孢蘑菇细菌性斑点病(一)

图112-2 双孢蘑菇细菌性斑点病(二)

防治方法为喷洒150~250毫克/米² 漂白粉液体,摘除病菇,消灭害虫,收获期避免过高的空气相对湿度(92%),并使空气流通,以70~75℃蒸汽消毒土壤。

4. 双孢蘑菇胡桃肉状菌

胡桃肉状菌侵入双孢蘑菇培养料后,初为丛状的茂密的白色小菌丝,随着菌龄增加变成黄白色,后逐渐形成子囊果。若在菇床上早于蘑菇发生子实体,则可导致毁灭性减产。

胡桃肉状菌子囊外形呈胡桃肉状或牛脑状,菌块成熟时变暗红色(图113)。子囊果内着生子囊,子囊内含有8个子囊孢子。子囊孢子萌发的温度为16~35℃,最适温度是

30℃。在蘑菇生长菌丝刺激下而萌发。凡潮湿萌发的孢子不耐高温,通常在60℃下30分可被杀灭。但干燥的孢子在80℃下处理120分也不易死亡。当菇房温度控制在18℃以下,孢子不易萌发危害。

图113 胡桃肉状菌

防治方法

(1)避开高温,适温播种 在有发生过胡桃肉状菌病害的菇房,秋播时,一定等气温稳定在25℃左右时再播种。

(2)提高二次发酵期的温度和时间 在二次发酵时控制料温在70℃保持12小时,或80℃保持2个小时可杀死子囊孢子。

(3)优选菌种 菌种不带菌,具有较强活力,快速占领培养料,同时减低杂菌的发病机会。

(4)严格进行土壤处理 有条件的地方土壤应用蒸汽消毒,有效地控制发病菌源。

(5)通风降温 发病后,要及时停水,加强通风,挖除病灶,撒上多菇丰干粉,让其干燥。待温度降至18℃时开始浇水催菇。

(6)熟料栽培 能有效地防止胡桃肉状菌危害。

5. 双孢蘑菇病毒病

双孢蘑菇病毒病最为流行的有 3 种症状。病毒感染时，子实体生长阶段发生畸形，开伞早，菌盖薄。靠单孢子或菌丝体带毒传播，常造成严重危害。菌丝生长阶段由于病毒常潜伏在菌丝体内，通常不表现任何症状，导致双孢蘑菇病毒病在菌丝生长阶段未被提早发现和认识。

6. 双孢蘑菇线虫病

双孢蘑菇在菌丝生长阶段和子实体生长发育阶段均可受到蘑菇线虫的危害。危害时线虫以吻针插入菌丝细胞内吸取营养，使菌床内已长满的菌丝在短期内全部消失。

（三）平菇主要病害的识别与防治

1. 平菇青霉病

平菇青霉病常见的有黄青霉、圆弧青霉。幼菇发病一般从顶向下呈黄褐色枯萎，生长停止，表面长出绿色粉状霉层。病菌侵染生长瘦弱的幼菇后，可向邻近生长正常的健菇传染，引起健菇从菌柄基部发生黄褐色腐烂症状。

（1）发生条件　青霉菌生长温度为 20～30℃，相对湿度在 90% 以上。分生孢子通过空气、土壤、肥料、植物残体等传播。平菇一般不易受青霉菌的侵染，只有当培养料酸性过重（pH 值在 4 以下）或含水量不足或培养料碳水化合物过多以及幼菇生长瘦弱的条件下，才能受此病侵染而发病。

（2）防治措施　搞好菇房菇床管理工作，注意通风换气，控制适宜的温度、湿度及酸碱度，收第一潮菇后及时清理床面，剔除菇根及弱菇，然后喷洒 1 次 10% 石灰水清液，防止培养料过酸。

发现病菇及瘦弱菇及时摘除集中处理，预防病害扩散。

药剂防治,菇床上发生青霉菌后可喷洒25%多菌灵1 000倍液或70%甲基托布津800倍液。

2．平菇毛霉软腐病

此病由毛霉菌引起,平菇子实体受病菌侵染后,整个子实体呈淡黄褐色水渍状软腐病,一般多从菌柄基部开始逐渐向上发展,也有从菌盖开始发生。软腐后的子实体表面黏滑但无恶臭味(图114)。

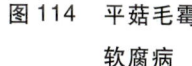
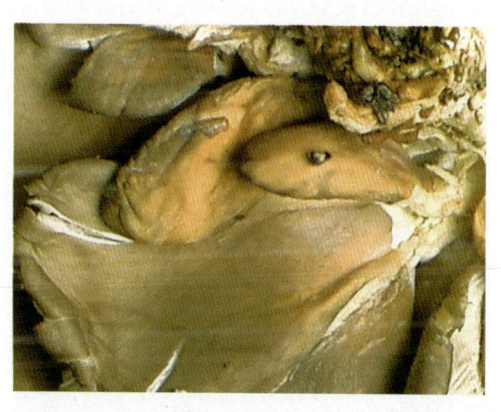

图114 平菇毛霉软腐病

(1)发生条件　该病菌可在堆肥和植物上生存,孢子成熟后随气流传播,培养料、接种室等消毒不严格或不彻底,没有按无菌操作程序接种,都可感染毛霉。发生在室内及露地畦床栽培的平菇上,特别是在子实体充分成熟而又未及时采收的,此时菇房又处于高温、高湿状态,加上通风不良又喷水过多的情况下,此病发生严重。

(2)防治措施

控制菇床培养料表面不留积水。

温度高时喷水后一定要充分通风换气,成熟的子实体要及时采收。

平菇菌丝生长和出菇阶段要及时防治菇蝇、菇蚊等危害平菇子实体的害虫,以防传播病害。

3. 平菇指孢霉软腐病

该病由指孢霉菌侵染引起,子实体受病原菌侵染后,菌柄及菌褶处长满白色菌丝,菌柄从基部向上呈淡褐色软腐症状,但不散发臭味,子实体感病后,不发生畸形,也不腐烂,但手触即倒(图115)。未软腐的子实体生长受抑制,发育缓慢,且呈污黄色,与正常的子实体有明显区别。

图115 平菇指孢霉软腐病

(1)发生条件 该病菌喜较肥沃酸性且富含有机质的土壤及菜园土,当温度和湿度过高时易发生此病,发病初期菇床料面长出一层白色绵毛状菌丝,而且菌丝生长很快。

(2)防治方法

培养料要进行高温堆制,以杀灭病原菌。

搞好菇房卫生,用菌灭绝喷洒整个栽培场地2～3次,并用0.1%多菌灵拌料。

床面出现白色菌被后及时扒除被污染的菌被,并停水1～2天,加强通风,使空气相对湿度降低到80%左右,并喷施食用菌专用治病药"保清",每天1次,连喷2～3遍。

出菇期间,控制用水量和湿度,干湿交替地进行水分管理,加强通风换气。

发现病菇体后,要及时摘除病菇并在感病部位喷洒克霉灵或金星消毒液。

4. 平菇褐腐病

病原菌为菌盖疣孢霉。平菇子实体感病后,菇蕾分化受阻,幼菇萎缩或畸形,初期子实体变黄,呈现肉质水浸状,后期生长停止,转化为褐腐,并渗出褐色的汁液,有腐败的气味。菇床料面感染此病后变为黑褐色,造成不出菇。

(1)发生条件　疣孢霉是一种常见的土壤真菌,由土壤传给平菇子实体,尤其在覆土栽培时,此病发生较为严重。病原菌喜酸性环境,生出的适宜温度为25℃,在通风不良,高温、高湿的环境下有利于该病的发生。

(2)防治措施　菇房使用前,要彻底清除旧料,并重复3~4次喷洒45%克霉灵500倍液。

在平菇出菇期间,要加强通风,控制用水,降温降湿。

发病后及时摘除病菇,然后用克霉灵300倍液局部处理。

5. 平菇细菌性黄菇病

黄菇病的病原菌为假单孢杆菌。该菌在母种培养基上生长时,菌落圆形,乳白色,稍隆起,表面光滑,边缘整齐。

(1)病害症状　黄菇病又名黄褐斑病、锈斑病或斑点病,一般情况下,该病发生时菌袋表面有黏液状病原物出现,菌丝有泛黄症状,有时该病菌也会直接侵害菇体,使受害菇体生出病斑,病菇清理后对后面的菇潮没有影响。该病多从菌盖表面开始发生,特别是菇盖的下凹和下垂部位,开始时只侵害表面细胞,不深入菌肉危害(图116-1、图116-2),

从幼菇期到成熟期都有可能发病。平菇感染后,初期菇体柄根部或菇盖局部呈微黄色,严重时菇体表面呈焦黄色,菇体生长缓慢、僵化,直至菇体整体干巴收缩,菌褶常扭曲,属典型的干腐病;另一种为菇体发病时表面局部出现淡黄色斑点,多从菌盖边缘向内蔓延扩散,发病部位有黏湿感,并逐渐向组织内部渗透,直至菇体腐烂,并有黏稠状分泌物,散发出恶臭,为典型的湿腐病。上述病害称为黄菇病。

图 116-1 平菇细菌性黄菇病(一)

图 116-2 平菇细菌性黄菇病(二)

(2)传播途径 假单孢杆菌在平菇子实体生长过程中无论低温、高温季节都可能发生病害,病原菌主要通过土壤、水源、昆虫、空气、病菇、培养基质及人为传播。

(3)发病原因

1)菇场连用　老菇场多年连续栽培,病原菌基数较高,加之菇农多年来习惯使用同一品种,品种抗病能力较低,是诱发黄菇病的主要因素。

2)管理不当　菇体发生过密或每潮菇采收后,残留在菇床上的死菇未被清除,特别是菇体生长期间水分管理不科学,多次浇淋,菇体吸水处于饱和状态,有利细菌繁殖生长,加之菇棚通风不良,湿度过大,闷湿是诱发细菌性黄菇病的主要原因。初期局部或个别菇体出现严重水渍,1~2天后菇体开始变黄并迅速蔓延,直至腐烂,菇棚内呈暴发性发病。

3)水源不清洁　菇农有时使用小沟内水源直接喷洒菇体,沟塘内水源已被污染,含有大量病菌,可直接造成菇体感染。

4)土壤带菌　土壤内有各种病原菌,尤其采用腐殖质高的土壤覆土栽培,极易发生此病害。

5)气候因素　近年来,在菇体生长期间,中原地区秋、冬、春季出现连续2~3次大雾天气,造成地区性突发病。

6)虫害传播　双翅目害虫咬食腐烂变质物质后,进入菇棚又咬食菇体传染病菌。

(4)防治方法　平菇细菌性黄菇病要从多方面采取控制措施,预防为主,综合防治;首先是选用抗病力强的深色品种,提高栽培种的纯度和尽量降低菌袋杂菌基数,提高菌丝的健康活力,保证菌丝的成熟度,菌袋发满后,应后熟7~10天;同时栽培前对菇场彻底消毒,并加强菇棚内的湿度和通风管理,保持菇棚内空气新鲜,严禁菇棚闷湿,一旦出现少量病菇立即摘除并及时用药防治。先停水2~3天,降低菇棚的湿度,再用"菇力达"药液喷治1~2遍,即可恢复正常生长,待一潮菇采收后转潮时再用菇病克星喷洒出菇面1~2次可治愈。也可以使用清洁的水喷洒子实体表面,多注意通风,可喷洒150毫克/升漂白粉溶液,用100~200单位的农用链霉素可起到有效的防治效果,用万消灵8~10片加水10千克连续喷洒2~3天,每天1~2次也可。

6. 平菇畸形菇

平菇畸形菇是由物理、化学或生物因子引起的平菇子实体形态的异常病害。主要有如下几种表现:

(1)菜花型畸形病　平菇子实体原基形成后不再分化,桑葚状的原基不断增大,小柄不断分叉,在顶端只形成很少的球状小盖,形成类似菜球的子实体原基(图117),完全不具有平菇子实体的形状,完全失去商品价值。

图117　平菇菜花型畸形菇

1)发生条件　此病常发生在通风不良、二氧化碳浓度过高的菇房或人防地道的菌床上,有时因床面揭膜过晚,而在床面形成小菜花状菇体。

2)防治措施　增加通风换气的次数是防治此病的关键;

床栽平菇时,要在形成原基时及时揭膜。

（2）高脚畸形菇　平菇子实体菌柄细长,菌盖小,整个子实体像一个苍白的高脚酒杯（图118-1、图118-2）。

1）发生条件　引起平菇柄长、菌盖小的原因是菇场周围的气温偏高和光照偏弱,一般在人防地道发生此病较为严重。

图118-1　平菇高脚畸形菇（一）

图118-2　平菇高脚畸形菇（二）

2）防治措施　改善菇房通风条件,安装通风设备,减少二氧化碳的积累;改善出菇管理,拉大昼夜温差,增加散射照,定期菌床揭膜通风,防止菌床过热。

（3）瘤盖菇病　瘤盖菇病是冬季普遍发生的一种生理性病害,平菇菌盖上面出现许多肉刺状瘤,多分布在菌盖的中部,严重时刺状瘤增多(图119),子实体生长缓慢,甚至僵缩硬化,停止生长,从而影响商品质量。

图119　平菇瘤盖畸形菇

1）发生条件　在子实体生长期间,菇床突然遭遇低温,当温度低于8℃时,就易形成瘤盖菇;另外一种因素是因为天冷时用柴火加温,烟没有排出,从而造成此种症状;有时烟味滞留到菇棚内,待气温升高时也会发生此现象。

2）防治措施　选择耐低温的平菇栽培品种,并做好保温工作;加温时不要用明火加温,加温时气应有排气管道,并适时加以通风换气。

（4）平菇药害菇

在子实体生长期间,为防治害虫,使用了禁用的农药;或喷药的浓度过大;或在即将出菇前使用了大量浓度的农药,菇房内残留有农药的气味;或使用了喷过除草剂的喷雾器等均会引起子实体变形的药害症状,出现药害菇。

农药中毒后正在发育的菇床会不出菇或很少出菇;子实

体农药中毒后则表现为子实体菌盖反卷,呈圆筒状(图120、图121)。幼菇中毒后会枯萎死亡。

图120　平菇轻度药害菇

图121　平菇较严重的药害菇

(5)波浪形平菇

子实体长大后,菌盖边缘参差不齐,多呈波浪形(图122),此种现象主要出现在白色品种上。

1)发生条件　采收过迟,子实体长得太老;气温处于5℃以下,子实体受冻害后的正常反应。

2)防治方法　适时采收,并在冬季注意菇棚的保温工作,使棚温不低于5℃。

图122　平菇波浪形菇

（6）盐霜状平菇　子实体产生后不分化，菌盖表面像一层盐霜（图123），主要是由于气温过低造成的。多发生在黑色品种上，一般气温低于5℃时就会出现此类现象。防治措施是注意棚内的保温工作，或选用出菇耐低温的平菇品种。

图123　平菇盐霜菇

7. 平菇病害综合防治措施

（1）预防措施　首先应采取"预防为主，治疗为辅，防治结合"为原则。加强菇场净化和防范措施，最好采用全熟料栽培，最好每3年更换场地1次，生料栽培每2年更换1次场地。对老菇区栽培,除更换场地外,还要更换菌种,以增强对病虫害的抗逆性。在每年投料生产前,对老菇场要及早彻底清除废料,拆除棚顶让日光暴晒10天以上,并在菇棚地面撒干石灰粉。

　　多年的种植经验发现,老菇场发病率明显高于新菇场;如果大棚不方便拆除,也必须及早清除大棚内的废菌棒并清扫干净。在使用之前,先用高浓度的杀虫剂和杀菌剂混合液喷洒大棚的每个角落,并同时密闭大棚用杀菌和杀虫的烟雾剂进行熏蒸(图124)。并同时坚持1天1遍喷洒杀虫和杀菌剂的混合液,连喷5天以上,并在地面多撒新鲜的石灰粉;当菌袋进入大棚以后,也要每3~5天喷1次杀虫和杀菌剂,做到"打虫不见虫,治病不见病"的预防效果。

图124　大棚密闭进行烟雾消毒

　　病害发病率的高低还与菇农管理水平密切相关,管理粗放的大棚发病率就高,反之则低;菌丝发得越好,因散发出特殊的香味,越不容易受虫害侵扰;菌丝发得越差,特别是杂菌污染袋,因有一种霉味或酸臭味能招致大量害虫的集聚。在出菇管理阶段采用在菇棚地面、两侧墙壁浇水,保持平菇出菇时稳定的空间湿度,尽量减少向菇体喷水的次数;并喷雾状水,做到轻喷、勤喷,每次喷至菇体表面有湿润感即可,在高温条件下宜选择早、晚喷水,同时注意适当通风,还要定期喷洒杀虫剂。

(2)选用抗病品种,避免使用单一品种　不同品种在同一菇房内的抗病能力有差异。在黄菇病发生严重的菇场,建议种植多个不同的品种,以便筛选出适合当地菇场发展的抗病品种。经多年的栽培经验发现,一般浅色品种发病较重,深色品种发病较轻。另外要注意每年不断更换品种,做到不同的品种轮作,切忌多年使用同一个品种,这样品种间的抗逆性较差,极易感染病虫害。

(3)提高菌袋自身的抗病性　培养菌丝生长健壮的菌袋,能不断增强其抗病能力,可大大减轻平菇子实体各种病害的发生。因此,要求使用的菌种不仅要纯度高而且要生长健壮(图125),这样可以从源头上阻止杂菌孢子侵入。这些杂菌在平菇菌丝生长健康旺盛时不会产生危害,但随着出菇几潮后菌丝抵抗力会不断下降,在外界环境条件不良的影响下,这些潜伏的杂菌将对其产生较大的危害。

图125　纯度高生长健壮的菌种

(4)不要盲目提早出菇,适当延长发菌期,提高菌袋的成熟度 菇农为了提高收入,常常会受到市场价格因素的影响,在菌袋未达到生理成熟时,就匆忙进行刺激让其出菇,造成子实体对外界条件非常敏感,在高温、高湿、通风不良的菇棚内,容易引发平菇的各种病害;同时,在菌袋成熟度不够的情况下,就会出现出菇不整齐,不便于管理,严重影响产量。因此,建议头潮菇应在菌袋发满后,在25℃环境条件下,后熟7~10天,温度低时,还要适当延长后熟时间,保证头潮菇的产量。经验说明,头潮菇产量好的,以后几潮菇基本不会出现大的问题。

(5)药物防治 平菇生长过程中的各种病虫害发展都很迅速,最快2~3天,慢者也只有5~7天,在幼菇生长期一旦发生病虫害,应及时摘除病残体,并用药剂着重在发病区用药防治。

(6)平菇害虫的主要杀灭方法主要有2种 一种是熏蒸型药剂,通过有毒气体渗透熏杀,能彻底根治菇棚内藏匿较深或隐蔽在袋料内的害虫、害螨等,常用农药有菇虫一熏净、磷化铝等(图126)。

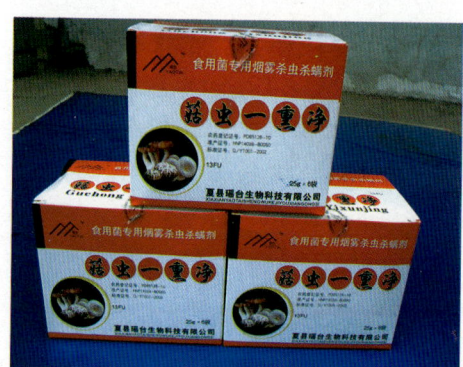

图126 熏蒸型杀虫剂
(菇虫一熏净)

另一种是喷雾型乳油类农药,如高效氯氰菊酯、敌杀死、氧化乐果、功夫菊酯、杀虫双、敌菇虫、阿维菌素、菇净等高效低毒低残留的农药(图127),这几种农药对水施用后,对平菇生长无副作用,也不会造成菇体药害而畸形。灭虫方式是通过对水喷雾,对幼虫、卵直接触杀,害虫触液2小时就会死亡,同时菇棚内施药1次后,因有农药残留气味,数天内害虫都不会进入,因此,喷施乳油类农药又有驱虫的作用。

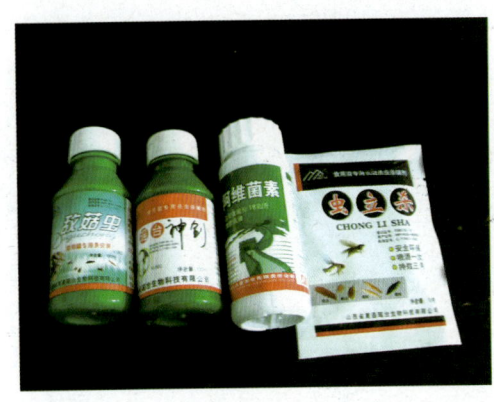

图127　常用的喷雾乳油类食用菌杀虫剂

1)菇虫一熏净使用方法　菇虫一熏净是一种食用菌专用的高效、低毒、广谱杀虫烟雾剂,具有易点燃、发烟快、燃烧完全、贮存稳定、杀虫快速彻底等多种优点。使用后不影响转潮和出菇,菇体不畸形。菇虫一熏净经燃烧挥发后,有毒气体迅速布满整个菇棚内,该气体渗透力强,可以透过通气孔进入培养基内部,各种害虫经呼吸有毒气体后,产生中毒反应而死亡。使用办法,把有虫害的菌袋集中在一起,密闭棚室,用火柴点燃并吹灭明火,迅速离开,封闭时间为10个小时以上。第二天上午就可以打开菇棚通风,等1小时残气散去后再进入菇棚进行常规管理。施放烟雾剂最好在傍晚无菇时操作。

2)乳油类农药使用方法 以上介绍的几种农药选任一种对水2 000倍(对水的倍数不能太低,否则食用后会产生人体中毒现象。对水2 000倍以上属于安全范围)都能杀死菇蝇、菌蛆、跳虫、线虫、螨类等各种害虫,有菇时也能喷施,对菇体也不产生畸形。采用半生料或发酵料栽培时,培养料中虫害比较多,可采用农药拌料,拌料时,可用3 000倍液加入料中,拌匀堆闷或发酵,就可起到杀虫目的,如二潮菇以后发现袋料内有蛆、蝇类害虫,可对水3 000倍,通过补水针补水注入袋内,也可较有效地防治袋内害虫。

(7)平菇病害的主要药剂防治方法 种菇多年的菇农普遍认为,平菇病害的危害性远远大于虫害,病害发生多在不知不觉中,看不到、摸不着。而病害防治更难于虫害。主要表现在病害刚刚发生时,人们不易看到,而虫害可以看到,一旦子实体发生了病害的症状,原来已有的病菇没有好的办法恢复健菇。只能摘除病菇后,喷洒一定量的杀菌剂和防病药剂,控制病情的扩大蔓延。而虫害完全可以用药剂控制住,而且不影响菇的产量和商品率。所以病害的防治更重要的是在预防,菇棚坚持每周至少喷1次杀菌剂,一般用生料和发酵料栽培时,培养料中要加入一定量的杀菌剂,可以起到防病少生病的作用。

常用的食用菌杀菌剂和治病药剂一般有克霉灵、多菌灵、病菌立灭、高锰酸钾、农用链霉素、菌灭绝、金星消毒液等(图128)。一般在防病的同时要注意喷洒一定量的增产素,如三十烷醇、多元恩肥、复合生物菌肥、磷酸二氢钾(图129)等,使菌丝快速恢复健壮,提高菌丝的抗病能力。

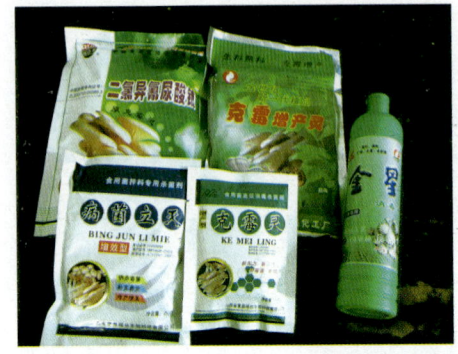

图 128　生产中常用的食用菌杀菌剂

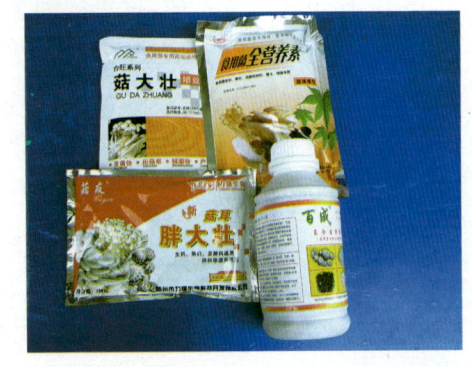

图 129　生产中常用的增产剂

　　在用药原则上，一般应少用或不用农药，以达到平菇无公害生产，保证平菇质量达到卫生安全。在不得不用农药的情况下，一定要用高效低毒的农药进行防治，虽然用2 000倍液高效低毒农药对菇体喷施后，人食用后不会产生明显中毒现象，但毕竟将农药带入了人体，为确保消费者的身体健康，用农药时一定要在无菇期使用。

（四）金针菇常见病害的识别与防治

1. 金针菇生理性病害

　　金针菇遇到恶劣的环境条件，就会发生菇形和色泽的变化，根据菇体不正常的反应，可以适当调整环境条件，避免不必要的损失。

（1）早产菇　在菌丝生长阶段，菌丝未长满瓶就从棉塞长出菇来，这主要是气温下降明显，低温刺激所致。

防治方法：采取控温降温措施。

（2）流产菇　当菇长出瓶口后，出现成批死亡。这主要是室温高于20℃以上所致。

防治方法：可采取降温的方法，白天关闭门窗，晚上打开通风，地面床架洒水，以利自然蒸发降温，如果此时室温仍高，则应及时抢收小菇，并进行搔菌处理，避开高温出菇。

（3）针尖菇（图130）　主要是室内或袋内二氧化碳浓度过高所致，一般要进行揭膜通风壮菇措施，就不会出现这种现象。

图130　金针菇针尖菇

防治方法：一是不要套袋太早；二是袋口不要扎得太紧；三是适当打开门窗调节二氧化碳浓度，金针菇即可生长正常（图131）。

图131 正常生长的金针菇

（4）开伞菇 开伞的原因主要是出菇的环境中二氧化碳浓度太低（氧气太足）造成的（图132）。

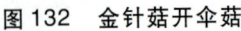

图132 金针菇开伞菇

防治方法：关闭门窗，在金针菇出菇期倒套袋，而且袋口要扎得紧一些，就可以抑制金针菇菌盖的生长。另外套袋过迟时也会产生开伞菇，一般在最大的菇盖直径不到1厘米时就要及时套袋，避免出现金针菇菌盖大的开伞现象。

（5）畸形菇 一般气温低于5℃以下，金针菇就会出现发育不正常,如歪头、菇柄开裂等变态畸形菇(图133、图134)。

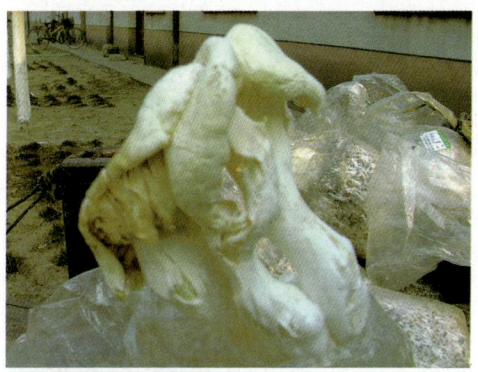

图133　金针菇畸形菇

图134　金针菇菇柄开裂畸形菇

防治办法：　注意培养室的保温,并同时提高培养室的湿度。

(6)缺水菇　金针菇缺水的程度可以从菇体形态中看出。若菇体出现轻度萎蔫,菇盖白色无光(图135),表明严重缺水,应该在菇体上方的空中大量喷水补湿使菇体吸水复苏生长;若菇体的菇盖边缘白色而中间蜡黄色,则是空气湿度过于干燥所致,说明料内湿度可以,应该加大空气湿度,尽量少开窗通风;菇体的菇盖四周蜡黄色而中间呈白点状,则是料内缺水所致,应该及时适当地补充料内的水分,主要以料面喷水补湿为主;若菇盖蜡黄发亮,表明不缺水,无须补水。一般采用插孔补水和调节室内湿度相结合,就不会出现缺水的现象。

图135　金针菇缺水菇

(7)瓶(袋)壁菇　由于严重的料壁分离,菇从瓶(袋)壁中长出,甚至从瓶(袋)底部长出,形成不了商品菇(图136)。为防止这种瓶(袋)壁菇出现,应首先抓好装瓶(袋)的质量关,并且培养料装瓶(袋)要实在,以免料瓶(袋)分离,使中间产生空隙,而有利于瓶(袋)壁菇生长。另外,通过插孔灌水的方式也可使料吸水膨胀,从而扭转料袋分离的现象。

图136　金针菇瓶(袋)壁菇

2. 金针菇细菌性褐斑病

金针菇细菌性褐斑病是金针菇生长过程中一个重要病害，对产量和品质影响很大。此病可发生在菌盖和菌柄上，菌盖上的病斑圆形、椭圆形，也有不规则形，多数病斑发生在菌盖的边缘，病斑外圈色较深，呈深褐色，潮湿时中央灰白色，有乳白色的黏液（图137），干燥时中央部分稍凹陷。菌柄上的病斑长椭圆形或梭形，褐色有环纹，外面一圈较深。条件适宜时病斑连成片，使菌柄全部变褐色，质软不能直立，有黏液，最后整朵菇变黑褐色腐烂。

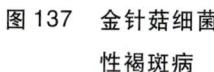
图137　金针菇细菌性褐斑病

不同的金针菇品种间抗性差异很大，抗性差的品种发病率高。病菌通过气流、人工喷水传播，通过机械损伤和虫咬伤口侵入。温度18℃以上，通风不良、湿度大时，特别是子实体表面处于水湿状态时极易发生该病害。

防治方法：①选用抗病品种，合理安排生产季节，使子实体的发生避开高温、高湿季节。②合理调控菇房的温度、湿度，出菇期菇房温度控制在15℃以下，每次喷水后要注意通风换气。③栽培管理中避免机械损伤，及时防治害虫，减少虫害的伤口,降低病菌入侵机会。④发病后及时清理病菇,并用浓度为40~50毫克/升农用链霉素溶液喷洒,或用含有效氯0.03%~0.05%漂白粉水溶液喷洒有病部位。

图138 金针菇霜霉病

3. 金针菇霜霉病

金针菇霜霉病属真菌性病害,该菌在PDA培养基上菌落呈白色絮状,后有白色絮球出现,并有浅黄色斑块,培养基底部初为白色,后变黄色,最后为橘红色(图138)。

霜霉病发生在金针菇子实体上,子实体无畸形、无病斑,整个菇体变软、变黄、变褐、腐烂。该病在10℃时也可正常生长,故此病常在低温时流行。其主要通过空气、覆土、水和昆虫传播。

防治方法:①控制菇房的相对湿度不要高于85%。②栽培时菇房要经常用克霉灵烟雾剂熏蒸空间,使空间的杂菌浓度降低到一定的限度,防止病菌从空气中传播。③发现病菇要及时摘除,并用食用菌专用杀菌剂克霉灵喷洒病菇的周围,并对手和工具进行消毒,防止交叉传播。④及时消灭菇房内的各种害虫,以防通过昆虫传播。

4. 金针菇拟青霉病

金针菇拟青霉病又称金针菇基腐病、蓝霉病、灰霉病（图139）。

图139 金针菇拟青霉病

开始发病时，在子实体基部出现水渍状的小斑，后逐渐扩大，病部颜色加深，最后病菇的菌柄基部变黑褐色腐烂，往往成丛发生，腐烂后子实体倒伏。幼菇发病虽不会倒伏，但不能继续生长发育，严重时，针状的幼菇体整丛变黑腐烂。

金针菇拟青霉菌广泛分布在空气、土壤中。孢子主要靠气流传播。生产上极易通过人工操作传播。适合于中温、中湿环境。当气温在5℃以上，培养室通风不良，病菌即可发生蔓延，同时一旦发病，蔓延及传播的速度很快。

防治方法：①在子实体生长阶段，要控制培养料适宜的含水量和菇房的空气湿度，菇床、菌袋上不能有积水。②发现病菇时，应及时摘除，将发病的菌袋连同子实体搬离菇房，并将其深埋或烧毁，同时接触人员的手和所接触的工具等要清洗消毒干净。③对菇房的发病部位及其周围喷洒45%的克霉菌灵溶液。

（五）毛木耳常见病害的识别与防治

1. 黏菌

毛木耳被黏菌侵染后耳片上最初长出黄色的网状物，成熟后变成黑色网状物，或者耳片上长出许多针状物。其病原菌为黏菌类，可造成直接经济损失，或造成耳片变质和腐烂（图140、图141、图142）。

图140 黏菌菌丝的初期

图141 黏菌危害木耳的耳片状

图142 黏菌危害的后期

（1）发生条件　黏菌常分布在阴暗潮湿环境中的枯草、朽木以及肥沃土壤中。喜酸性，在高温、高湿的环境条件下生长。通过水、害虫和气流传播。

（2）防治方法　一是耳房要求通风良好，避免出现高温、高湿环境。二是出耳期间，保湿要使用清洁水，干湿交替地进行水分管理，避免通风水传播病害。三是出现黏菌侵染后，要及时摘除染菌耳片，并移出污染的菌袋一并烧毁，然后喷洒0.1%克霉灵杀菌剂2~3次，以彻底杀灭袋口的黏菌。

2. 流耳

是木耳出菇期间常见的一种病害。具体症状为木耳出耳期间，耳片变成胶质状流下，并可扩散传播（图143、图144），从而造成商品率下降，产量降低。其病原菌为细菌类。

图143　木耳的流耳状

图144 木耳流耳和正常耳比较

(1) 发生条件 在高温、高湿通风不良的环境下易发生。木耳成熟过度因天气或其他原因引起的采收不及时,也会出现大量的流耳现象。

(2) 防治方法 一是耳片生长期间,气温高于30℃时,要加强通风换气,避免出现高温、高湿的环境。二是保湿要用清洁的水和自来水,水分管理时要干湿交替,在夏天闷热的天气要加强通风和相应的降湿措施。三是毛木耳成熟后要及时采收,以免耳片成熟过度,遇到阴雨天气产生流耳。四是出现流耳后要及时摘除,并喷水冲洗去掉残渣,挖出袋口上的耳蒂,停止喷水,加强通风换气,待下一潮耳片形成后,进行正确的保湿管理,就会正常出耳。

3. 畸形耳

毛木耳耳基形成后,不形成耳片,而是长成指状耳,从而失去商品价值。畸形耳是一种生理性病害。

(1) 发生原因 多数是由于通风不良、二氧化碳浓度过高引起的。使用农药或其他化学药品不当,出现药害状,也表现出畸形(图145)。空气湿度过度干燥、温度超过36℃

以上时也会出现畸形木耳(图146)。

图145　木耳因药害产生的畸形耳

图146　木耳因高温干燥形成的畸形耳

(2)防治方法

耳基形成后要加强通风换气,搭建出耳棚时,棚与棚之间要预留出一定量的空隙以利于通风,并保持出菇房空气新鲜,降低二氧化碳浓度,从而促使耳基分化成耳片,并正常生长。

出耳期间禁用化学药品和农药,以免引起药害,产生畸形耳。

出现畸形耳后要及时摘除,并改善环境条件,让下一潮耳及时恢复正常生长。

4. 木耳孢子粉病

孢子粉污染主要发生在毛木耳上,是指在耳片上形成一层白色粉状物,即毛木耳的孢子。孢子从耳片弹射出来,在耳片上形成一层孢子印,在湿度大时,附着在耳片上的孢子萌发,在耳片上长成白色的菌丝体(图147),严重降低木耳的商品质量。

图147　木耳孢子粉病

(1)发生原因　一个原因是采收过迟,大量成熟孢子已经弹射出来;另一个原因是采收后的耳片没有及时晾晒而造成孢子粉污染。

(2)防治方法　成熟的耳片要及时采收晾晒;耳片上长出大量的白色孢子印后,用清水洗去,再晒干,可提高耳片质量。

5. 拳耳

耳基形成,并能分化出杯状耳片,但耳片长不大,不能正常展开成片,而长成拳头状耳(图148),从而降低产品质量。

图148　毛木耳拳耳病

（1）发生原因　耳基形成后，环境中相对湿度低于70%，或者耳基形成后遇到低温，生长发育受到抑制会出现拳耳；在出耳期间，喷洒了敌敌畏、水胺硫磷等农药，出现药害后也可形成拳耳；有的拳耳还与菌种退化有关。

（2）防治方法　耳基形成后要加强水分管理，保持空气相对湿度在85%～90%，并要做好防低湿（15℃以下）管理。耳房在使用之前和耳片生长期间不要使用对耳片生长有药害作用的农药。出现拳耳后，及时摘除，改善环境条件；并使用优良品种，不要将分离的菌种不经出耳试验就使用。

（六）白灵菇常见病害的识别与防治

1. 白灵菇生理性病害

指白灵菇在生长发育过程中，不属于病原微生物的侵染而得病，是由不良环境影响而导致的发育不正常的现象。

（1）菌丝徒长　指白灵菇的发菌期菌丝持续生长，浓密成团，结成菌块，形成一层又白又厚的菌皮（图149），过多消耗培养料内的水分和养分，影响菌丝正常的呼吸作用，妨碍子实体原基的分化和生长，形不成子实体。

图149　白灵菇菌丝徒长

1）发生原因　培养料内营养过于丰富,添加营养成分过量。发菌期温度过高,缺少温差刺激,菌丝难以由营养生长向生殖生长转化。选用菌种温型不对。菌种自身有问题等。

2）防治方法　降温增湿,增加菇房温差,抑制菌丝生长,促进子实体分化。菌皮过厚的,用刀片纵横划破菌皮,重喷水,加大通风量,可有利于子实体的形成。

（2）长柄菇　白灵菇子实体分化和发育不协调,柄长,菌盖不发育或发育不良,形成长柄高脚菇(图150)。

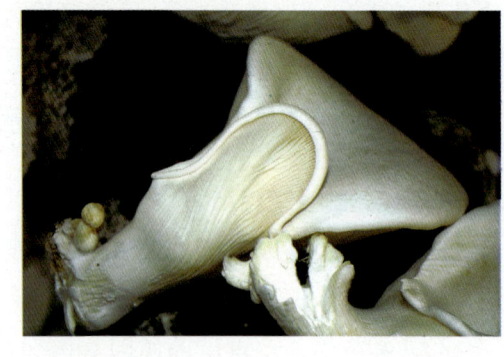

图150　长柄菇

1）发生原因　菇房通风不良,供氧不足,二氧化碳浓度过高,光照量小,温度偏高。

2）防治方法　适当增加散射光线,加强通风,降低温度。

(3) 珊瑚状菇 白灵菇原基发生后,由群体松散的不正常的菌柄组成参差不齐的小子实体,菌盖不发育,形似珊瑚状或菜花状。

1) 发生原因 主要原因是环境中二氧化碳浓度过高,供氧不足,影响子实体的正常分化。

2) 防治方法 增加通风量,在冬季易发生,要注意加温与通风的协调管理,用火加温时一定要将烟气排出菇棚外。

(4) 菇体萎缩 子实体分化后,幼菇逐渐停止生长,变黄萎缩,有的枯死,有的腐烂(图151)。

图151 白灵菇菇体萎缩

1) 发生原因 形成原基过多,营养供应不足,部分小菇蕾死亡。高温高湿,菇房通风不良,二氧化碳浓度过高,幼菇闷死。施用农药引起药害,幼菇萎缩死亡。

2) 防治方法 加强菇期管理,科学调控菇棚内温、湿度,加强通风管理。

(5) 白灵菇畸形菇 白灵菇的商品菇对菇形的要求非常严格。一般要求菇形完整,菇体洁白,呈贝壳状或手掌状,菌盖直径8~15厘米,单片菇重120~250克。菌盖平展,表面光滑细腻,边缘圆滑,菇形规则,无明显的皱褶或裂刻。菌褶排列整齐,菌柄长度不超过 2 厘米。整个菇体发育七到八成熟(图 152)。

图 152　优质的白灵菇

在白灵菇出菇阶段,因各种原因形成的菌盖不规则、形状不一、大小不等的各种畸形菇(图 153、图 154),有的甚至会菇上长菇,影响白灵菇的外观和质量。

图 153　特大白灵菇(畸形菇)

图154　白灵菇畸形菇

1）发生原因　菇房环境温度从低于5℃到骤升至18℃以上时易发生。气温低时菇体停止生长。而当气温骤升时，不同部位白灵菇组织内的细胞生长速度不一致，一部分细胞开始生长，而另一部分细胞仍处于生长停滞状态，或者不同组织细胞的分化速度不一致，这样同一菌盖的生长就不同步，生长快的部分就会再现菇瘤、菇刺，有时会菇上长菇。

2）防治方法　在白灵菇出菇过程中，要严格注意控制菇房的温度，防止发生温度长时间骤升到18℃以上。

菌盖发育不全，子实体在生长过程中因温度、通风等因素使菌盖发育不完全，外形呈条状、面包状、蛋状等形状（图155、图156）。

图155　菌盖发育不全
　　　（面包状）

图156 白灵菇蛋形畸形菇

2. 白灵菇滴水病

在白灵菇出菇期,由于棚膜积水形成下滴,或喷水时上层菌袋的水珠滴到下层正在发育生长的白灵菇菌盖上,菌盖上就会形成一个不规则、水渍状凹陷形斑块(图157),直接影响白灵菇的商品质量。

图157 子实体因水滴引起的病斑

防治方法: 出菇阶段应精心控制水量,棚膜选用无滴膜塑料,防止形成水滴。

3. 白灵菇病毒病

（1）表现症状　由病毒引起的一种具有传染性的白灵菇病害。感染病毒的白灵菇，子实体畸形，不形成菌盖或菌盖很小，菌盖表面有水渍状环状条纹，菌盖边缘呈现波浪形或具深缺刻状。菌盖缩小，菌柄肿胀呈现近球形，或菌柄呈扁形弯曲，表面凸凹不平。菌盖和菌柄都有明显的水渍状条纹或斑纹。带病的孢子是传播病毒的主要来源，病毒也可在菌丝体内生存，带病的菌丝体也会与健康菌丝连接而传播。

（2）发生原因　栽培场地卫生条件差，使用已感染病毒的劣质菌种，发菌或出菇期间感染病毒。

（3）防治方法　选用优质菌种，搞好栽培场地环境卫生，定期消毒，发现病菇及时清除。

4. 白灵菇细菌性病害

（1）白灵菇细菌性褐斑病　病菌主要危害白灵菇的表皮，而不深入到菌肉组织。在菌盖表面，病斑多出现在与菌柄相连的凹陷处，近圆形或梭形，稍凹陷，边缘整齐，里面有一薄层菌脓，单个菌盖上有几十个或上百个病斑，但不引起子实体变形或腐烂。

1）发生原因　覆土用的土壤有细菌，或用水不洁，菇房通风不好，湿度过大，菌盖表面长时间积水，都易导致该病的发生。

2）防治方法　使用清洁的水喷洒子实体表面，多注意通风，防止菌盖表面长期积水，覆土前要对用土进行消毒处理。发生此病后，可喷洒150毫克/升漂白粉溶液，用100~200单位的农用链霉素可起到有效的防治效果。

（2）白灵菇细菌性腐烂病　发生此病的白灵菇，病害多从菌盖边缘开始发生，出现淡黄色水渍状斑状，从菌盖边缘向内扩展,然后延伸至菌柄,最后引起子实体变淡黄色,腐烂并散发出臭味(图158)。

图158　白灵菇细菌性腐烂病

1)发生原因　不洁土壤及用水是发病的主要原因,高温、高湿的环境有利于该病的发生和传播。

2)防治方法　春、秋季易发病期注意控制菇房温、湿度,防止高温、高湿。发病后防治药剂与细菌性褐斑病相同。

(3)白灵菇枯萎病　枯萎病只侵染白灵菇幼小的子实体,菌盖超过2厘米以上时不易发病。染病的幼菇初期绵软,渐呈现失水状,以后变为软革质状,菇体枯萎。

1)发生原因　病原孢子可随风传播,病菌孢子可长期生活在土壤和病残组织上,菇房通风不良,在温度高、湿度大的条件下易发生。

2)防治方法　搞好出菇场地环境卫生,菌袋进入菇棚前棚内喷洒克霉灵200倍液;有发病史的地区在拌料时加入250倍的克霉菌灵。

加强菇房通风,防止高温、高湿,采用少量多次的喷水方法。

发病初期先摘除病菇,后用500倍多菌灵溶液或700倍托布津溶液喷洒,每天1~2次;或用万消灵8~10片加水10千克连续喷洒2~3天,每天1~2次;或用120倍的萎必治水溶液和200倍的50%福美双水溶液喷洒料面,每天2次。

(4)白灵菇黄斑病　感染此病的子实体分泌黄色水滴,后子实体停止生长,最后萎缩。

1)发生原因　出菇场地温度高,相对湿度在95%以上,通风不良易发生。

2)防治方法　使用清洁的水喷洒子实体表面,多注意通风,发生此病后,可喷洒150毫克/升漂白粉溶液,用100~200单位的农用链霉素可起到有效的防治效果,用万消灵8~10片加水10千克连续喷洒2~3天,每天1~2次。

(七)香菇常见病害的识别与防治

1. 病毒性病害

病毒是生物界中一类个体微小、结构简单的生物,它没有细胞结构,只有核酸和蛋白质成分。食用菌感染病毒的症状很多,香菇病毒症的症状是菌丝退化、生长不良或逐渐腐烂。子实体感染腐烂。

防治方法:一旦发现病毒感染。在患处注射1:500苯来特(50%可湿性粉剂),并用代森锌500倍水溶液喷洒菇场,防止扩大传染。

2. 褐腐病

香菇子实体褐腐病是由细菌引起的,病原菌为荧光假单孢杆菌,在香菇的组织细胞间隙中繁殖引起发病。多发生在含水量多的菌袋上,在气温20℃时发病明显增多,气温降低后发病轻微。主要通过被污染的水或接触病菇的手和工具传播。受害的香菇子实体停止生长,菌盖、菌柄菌褶变为褐色,最后腐烂发臭。

防治方法:搞好菇场环境卫生,接触过病菇的手、工具要严格消毒,发生病变的菇体早日去除,用100～200单位的农用链霉素药液喷洒菌袋。

3. 细菌性斑点病(又叫褐斑病)

病菌形态主要有球形、杆状和螺线形3种,一般很小,仅几个微米,有些具有鞭毛,细菌主要以裂殖法进行繁殖,细菌的菌落大小不一,形状各异,一般呈灰色。

(1)**发生与危害** 病原细菌浸染子实体,会使菇体畸形、腐烂,菇盖、菇柄发生褐色斑点(图159),纵向凹陷,成为凹斑。若侵染培养料时,会使基料变黏并发出臭味。

(2)**防治方法** 培养基灭菌时,温度、压力、时间都要达到要求。接种时严格按照无菌操作规程进行,若发现细菌污染时,用600倍漂白粉水溶液喷施,或用万消灵8～10片加水10千克连续喷洒2～3天,每天1～2次,防治效果良好;子实体浸染后,立即摘除,防止传播。

图159　香菇褐斑病

（八）杏鲍菇常见病害的识别与防治

1. 黄腐病

（1）症状　子实体初期易出现黄褐斑病，随后扩展到整个菇体，菇体停止生长，最后变黄、变软、腐烂。这是由细菌类假单孢杆菌引起的病害（图160）。

图160　黄腐病

（2）发生条件　高温（20℃以上）、高湿、通风不良时极易发生。主要是通过水来传染，当子实体含水量过高时也易发生。

（3）防治方法

在出菇期间，当温度高于18℃时，切勿向子实体喷水，只能向地面和四周墙壁上喷水来增加湿度。

出菇期间，要加强通风换气管理，避免出现高温、高湿环境。每次喷水后，结合进行通风换气管理，降低菇体表面上水分，可防止细菌性病害。

出现病害后，及时摘除病菇，加强通风换气管理，防止传染其他菇体。

2. 枯萎病

(1)症状　杏鲍菇幼菇生长停止,萎缩死亡,最后变黄、腐烂。出现这种现象,主要是高温(22℃以上)引起幼菇死亡,最后出现细菌感染,变黄并腐烂。

(2)发生条件　子实体生长期间,将温度控制在10~20℃,最高温度不得超过22℃。高温时采取降温措施。幼菇枯萎死亡后,及时摘除,防止细菌繁殖,菇体腐烂,引诱害虫取食繁殖,出现虫害。

3. 畸形菇

(1)症状　子实体长成不规则形状,即为畸形菇,包括菌盖发育过度型、菌柄过长型和超大型。

(2)发生原因　子实体生长期间,遇到22℃以上高温,抑制了菌盖分化和正常发育。此外,空气相对湿度低于70%时,过强的光照或空气中二氧化碳浓度超过0.1%,都会形成畸形菇(图161、图162)。

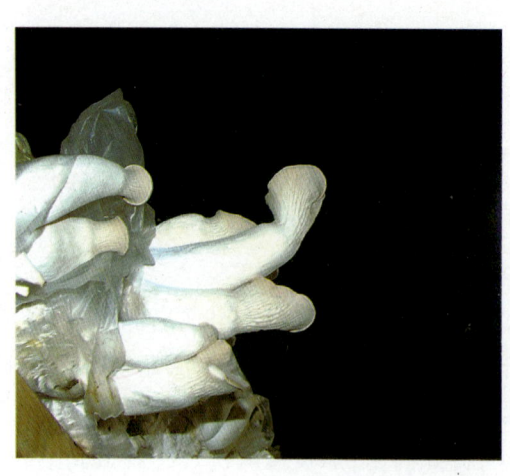

图161　光照产生的菌柄弯曲畸形菇

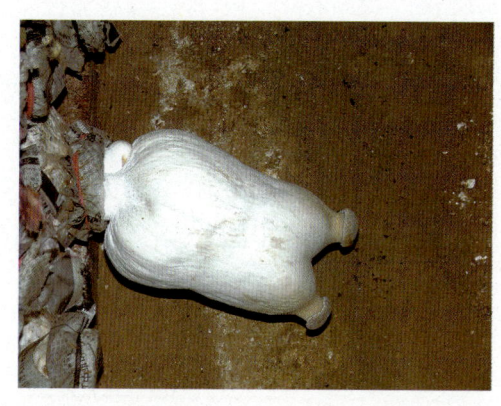

图 162　原因不明的双头畸形菇

在反季节杏鲍菇冷库生产过程中,如果通风口过低,当通风量过小时,冷库内外的空气就无法形成正常交流,致使二氧化碳积淀,尤其出菇袋口内的小环境空气状况逐渐恶化,使得仅有的菇蕾难以正常分化,故此只能长出"蛋形菇"(图163)。在出菇的冷库中,每天6次左右的直接高压喷水,导致出菇面水分饱和,一定程度上也能够影响杏鲍菇的现蕾和幼蕾的正常发育。过于恒定的冷库温度,也容易导致现蕾量少、出菇不正常。

图 163　反季节冷库生产中出现的"蛋形菇"

(3)防治方法　①合理安排出菇季节,把出菇温度控制在12～20℃,避开20℃以上出菇时期。②科学摆放菌袋,以利空气流通。③菇棚空气相对湿度保持80%～90%,满足子实体生长发育所需水分条件。④适时疏蕾。⑤加强菇场环境因子的调控,加强通风。⑥适时开口出菇,灵活掌握通风管理,保持菇房内空气新鲜,菇场的光线最好固定投射方向。

4. 袋壁长菇

(1) 症状　菌袋中部袋壁形成子实体,长成扁平状(图164)。

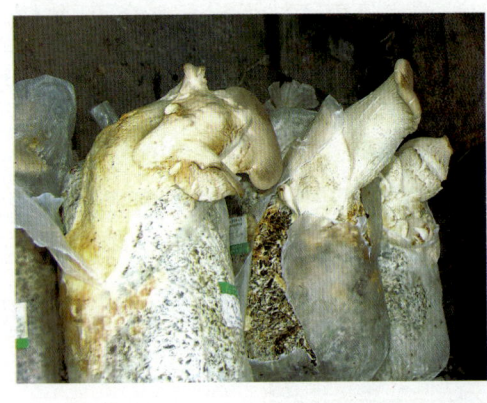

图164　菌袋侧面生长出的畸形菇

(2) 发生条件　装袋过松,菌丝成熟后诱导出菇不及时;摆放菌袋震动过大;菌袋灭菌时相互挤压形成料袋分离。

(3) 防治方法　①菌袋装料不宜过松,防止料与袋壁之间形成空腔框灭菌。②菌袋搬运轻拿轻放,避免较大震动。③菌丝成熟后及时开口,增加湿度,并给予散射光诱导出菇。④一旦发现袋壁长菇,及时除掉或割膜诱引出菇。

5. 菌柄中空

(1) 症状　子实体中间发泡,组织疏松,形成空隙。

（2）发生条件　出菇期温度超过18℃持续2天,长速加快,细胞内养分、水分供给不上;或袋内基质含水量低于40%,空气相对湿度超过80%,菇体生长较快,袋内缺水,养分输送不上;或菇体生长过密,通风不良。

（3）防治方法　①配制培养基的含水量不低于60%。②菇体生长期间相对湿度高于80%。③适时开袋,防止菌丝徒长。④疏蕾控制出菇密度。

6. 菇盖长疙瘩

（1）症状　菌盖边缘或整个菌盖长满疙瘩(图165)。

图165　菇盖长疙瘩

（2）发生条件　培养室生火加温导致有害气体聚集;杏鲍菇对剧烈温差变化较为敏感,冷热空气刺激引起菌盖内外细胞生长失调。

（3）防治方法　①棚内生火加温时排出有害气体。②冬天通风换气时,选择中午气温较高时进行,防止棚内温差过大。

7. 丛生菇

（1）症状　大量菇蕾聚集在一起生长,部分菇蕾不能正常发育(图166)。

(2)发生条件　菌皮老化,出菇袋口裸露在外的面积过大,子实体受伤坏死。

(3)防治方法　及时疏蕾。

图166　丛生菇

(九)黑木耳常见病害的识别与防治

段木生产黑木耳,整个生长过程都在粗放的自然条件下进行,比较容易感染杂菌和受到害虫的危害。

1. 段木栽培主要病害

在段木栽培黑木耳的生产过程中,主要的杂菌有环纹炭团菌、麻炭团菌、韧革菌、牛皮箍、朱红栓菌、茸毛栓菌、裂褶菌等。

(1)环纹炭团菌及麻炭团菌　这两种杂菌是危害段木黑木耳的主要杂菌,多出现在耳木表皮的纵沟内,形似绿豆或黄豆大小的黑色颗粒,严重时黑色颗粒连成片。此菌繁殖力强,被此菌感染后的段木,形成层变为灰黑色,形成"铁心",吸收不进水分。

（2）韧革菌　子实体的基部着生在耳木上,表面黑色,形似干了的黑木耳,贴着耳木的一面呈灰红色。

（3）牛皮箍　此菌有黑、白两种,子实体紧贴在耳木上,边缘不翘起,形似贴膏药。严重时贴满耳木,引起木质部腐朽。

（4）朱红栓菌　又名红孔菌,子实体基部狭小无柄,菌盖半圆形,橙色或红色。此菌侧生在耳木上,引起木材粉状腐朽。菌丝初为白色,不久即变为红色,分泌黑褐色色素,多发生在干燥的环境里。

（5）茸毛栓菌　菌盖无柄,半圆形至扇形,呈覆瓦状,软木栓质,近白色至淡黄色,有细茸毛和不明显环带,严重时子实体布满整个耳木表面。

（6）裂褶菌　裂褶菌是一种可以形成子实体的菌类,感染此病的菌袋,裂褶菌的菌丝生长快,菌丝灰白,后期在温度、湿度等条件适宜时形成子实体。裂褶菌的菌盖1~3厘米,无柄,扇形或圆形,表面密生粗毛,白色或灰褐色。菌褶白色到灰色,每片菌褶边缘纵裂为两半,近革质(图167)。

图167　裂褶菌

2. 防治方法

针对以上几种杂菌,在整个生产过程中应坚持"预防为主、综合防治"的方针。在生产过程中要搞好栽培场地的环境卫生,接种前将场地清理干净并撒石灰粉消毒。选用生产性能好的优质菌种,接种时要严格按操作规程,防止接种感染。菌丝生长期科学调控温度、湿度、光照、通风,创造适宜的环境条件,促进黑木耳菌丝生长,发现有杂菌感染的耳木,及时用刀、斧将杂菌削掉,然后在伤口处涂上生石灰粉。感染杂菌严重的耳木应剔除烧掉,防止进一步扩散。

七、食用菌常见害虫的分类及危害特征

（一）食用菌虫害的定义

食用菌和生长发育过程以及干品贮藏期间，常受许多害虫危害，其幼虫咬食菌丝体，成虫吞食子实体，直接造成食用菌减产和影响菇体外观，致使食用菌品质降低甚至失去商品价值。又由于虫咬的伤口极易导致腐生性细菌或其他杂菌的侵染，而且昆虫本身就是病原物的传播者，因此很容易发生病害，从而造成更大的损失。

人们习惯把对食用菌有害的动物统称害虫。由于害虫的作用，造成食用菌及其着生基质被损伤、破坏及取食的症状，叫做食用菌害虫。

食用菌害虫的危害性有以下几种：

1. 取食食用菌菇蕾和子实体

如跳虫、蛞蝓等均直接取食、危害食用菌的子实体，形成缺刻或毁坏整个子实体，使其丧失商品价值。

2. 取食培养料并使其霉变

如粪蚊、菌蚊等幼虫，均能取食食用菌培养料，导致培养料霉变,不利于菌丝生长。

3. 取食危害菌种和菌丝

如螨危害菌种并随菌种而大面积发生,线虫取食菌丝使发菌失败等,引起退菌。

4. 携带传播病虫害

如菌蚊、果蝇等害虫,不仅直接危害食用菌,还是各种杂菌、害螨的传播载体。因此,在害虫大发生之后,随之将是病害的继发性流行,给食用菌生产带来毁灭性损失。

5. 其他危害

危害食用菌干制品,引起霉变、形变,使其失去商品价值,造成严重的经济损失。

(二)食用菌虫害的分类

危害食用菌的害虫种类很多,其中大多数属于节肢动物,如昆虫(主要是双翅目、鞘翅目、鳞翅目、直翅目、弹尾目、等翅目和缨翅目中的一些害虫)、螨类(主要有蜱螨目)、线形动物(如线虫)以及软体动物(如蛞蝓)。通常以昆虫类发生量最大,危害最重,其中以双翅目种类多,数量大,寄主广泛,危害最为严重。

(三)食用菌常见害虫的生活习性和危害特征

1. 菌蚊类

危害食用菌的蚊类主要有眼菌蚊、小菌蚊、瘿蚊等。

(1)眼菌蚊 又叫眼蕈蚊、白蛆等。其中以平菇眼蕈蚊为优势种,主要危害平菇、双孢蘑菇、草菇、香菇、金针菇、白灵菇、鸡腿菇、木耳、银耳等几乎所有的食用菌类(图168、图169),可造成严重减产甚至绝收。

图168　因菌袋破损被菌蚊危害状

图169　鸡腿菇根部

图170　眼菌蚊的成虫

1) 形态特征　成虫为黑褐色小蚊(图170)。触角线状,复眼发达,两只复眼在触角下不相接触。背板隆起,腹部黑色。前翅发达,后翅退化成平衡棒,三对足细长。幼虫蛆状,头黑亮,无足,胸和腹部乳白色。

2) 生活习性　成虫栖息在培养料或子实体表面,爬行很快,夜间活跃,有趋光性、产卵于培养料内。幼虫危害严重,喜欢群聚在潮湿的环境中,取食培养料及菌丝体。可把菌丝咬断吃光,使菌丝由白变黑,甚至发臭;3龄后的幼虫常蛀入子实体,可将菌柄蛀空,将菌盖、菌褶蛀透。成虫有趋光性,活动性强,寿命为3~5天;在13~20℃下能正常生活和繁殖,完成1代需21~22天,1年可繁殖10代左右。1只雌虫可产卵50~150粒,多达250粒左右。卵产在培养料的表面、缝隙或子实体上,经3~5天即可孵化为成虫。

3) 危害特征　幼虫在10℃以上开始取食活动,蛀食培养料、菌丝体和子实体。将培养料吃成粉末状,造成菌丝萎缩,影响发菌、菇蕾、幼菇枯萎死亡。蛀食菌柄和菌盖,形成许多蛀孔,虫口密度大时,1个菌柄内可有200~300条幼虫(图171)。蛀食木耳后出现烂耳,钻孔后发生腐烂。成虫不直接危害子实体。成虫产卵在培养料表面上,孵化出幼虫取食培养料,使培养料呈黏湿状,不适合食用菌菌丝的生长。

图171　木耳子实体上眼菌蚊的幼虫

（2）小菌蚊 小菌蚊是食用菌最重要的害虫之一，主要有小菌蚊、中华新蕈蚊、草菇折翅菌蚊等。

1）形态特征 成虫体长，雄虫4.5～5.4毫米，雌虫5～6毫米。体淡褐色，头深褐色，紧贴在隆凸的胸下。口器黄色。触角丝状，共16节，复眼黑色肾形，顶端逐步变窄。胸部有褐色毛，背板向上隆起呈半球形。前翅发达，腹部7节，雄虫外生殖器有一对抱握器。雌虫腹部末端简单，产卵器尖细。卵乳白色，椭圆，幼虫灰白色，长筒形，老熟幼虫10～13毫米，蛹乳白色（图172）。

图172　正常的菌袋和被菌蚊幼虫吃光的菌袋比较

2）生活习性 成虫有趋光性，羽化后当天即可交尾。成虫活动能力强，交尾后当日可堆产或散产虫卵，温度17.5～22.5℃下成虫寿命为3～14天。从幼虫化为蛹，一般经历12～14天，幼虫龄期以4龄为主。在17～22.8℃下，蛹期为2～8天。老熟幼虫先在栽培块的表面或边角做一白色枣核形丝茧，在茧内化蛹。在17～32.5℃下，完成1代需28天左右。

3）危害特征 幼虫活跃，主要危害平菇、双孢蘑菇、香菇、鸡腿菇、白灵菇等食用菌的菌丝体和子实体，除了蛀食子实体外,也可取食培养料,有群居吐丝拉网将菇蕾及幼虫包住的习性,使菇蕾萎缩干枯死亡,严重影响产量和质量。没有长出子实体的菌块,幼虫危害菌丝(图173)。危害菌盖时可将菌褶吃成缺刻,危害菌柄则吃成小洞。

图173　姬菇根部被小菌蚊幼虫危害状

（3）瘿蚊　瘿蚊又叫菇蚋、小红蛆等。它是双孢蘑菇、平菇等多数食用菌栽培过程中普遍存在而且危害最重的一种害虫(图174)。

图174　瘿蚊成虫

1)形态特征　瘿蚊是一种很小的蚊类,成虫淡黄至橙黄色,头小,复眼大,触角丝状,羽化后不久即可交尾产卵。幼虫比菇蝇幼虫大,体橘红色。瘿蚊的幼虫能进行幼体生殖,1条幼虫变成1条"母虫",幼虫出生1周内能繁殖12~20条小"子虫"。这种繁殖方式使虫口密度很快成倍增加。

2)生活习性　出菇期间1周可繁殖1代,幼虫可由卵孵化,也可进行幼体生殖。老熟幼虫进入培养料表层或土层结茧化蛹。幼虫在菇房内分布不均匀,因为成虫和幼虫都有趋光性,光线强的地方虫口密度大,昏暗处虫少。幼虫喜欢潮湿,在潮湿处活动自由,在水中可存活数日,而在干燥的条件下活动困难。环境变差则众多幼虫聚在一起成一红色球(图175),以维持其生存。待环境适合时,球体裂解,存活的幼虫断续繁殖。幼虫在培养料中越冬。

图175　瘿蚊幼虫在双孢蘑菇上的危害状

3)危害特征　瘿蚊以幼虫危害食用菌。主要危害平菇、草菇、双孢蘑菇、银耳等。幼虫生长在培养料中,并在培养料及覆土中大量繁殖。它可取食食用菌的菌丝和培养料中的养分,从而影响发菌并使菌丝衰退。在子实体生长发育阶段,可使菇蕾枯死或幼菇发育不良。子实体形成后,又危害菌柄、菌褶和菌盖。

2. 果蝇类

果蝇又叫黑腹果蝇、菇黄果蝇、原野果蝇等。

(1)形态特征　成虫黄褐色,体长3~5毫米。腹末有黑色的环纹5~7节。复眼大。触角具芒状,3节,第三节椭圆形。雌虫腹部末端钝而圆,颜色深,有黑色环纹5节。雄虫腹部末端尖细,颜色较浅。雌虫的跗节前端表面有黑色的鬃毛梳,雄虫的跗节前端表面无黑色鬃毛梳。卵乳白色,长约0.5毫米,表面布满网状斑纹,背面前端有1对触丝。幼虫白色至乳白色,无胸足及腹足,蛆状,老熟幼虫体长4~5毫米,头部尖,尾部具乳突。蛹为围蛹,初期为白色而软化,后渐硬化为黄褐色(图176)。

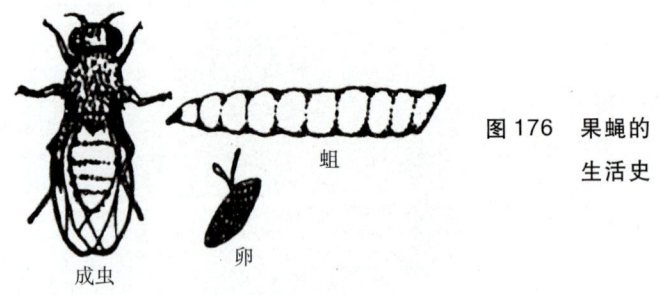

图176　果蝇的生活史

(2)生活习性　果蝇常栖息于腐烂水果、垃圾、食品废料等场所,食性杂。在烂果或发酵物上取食和产卵,幼虫从卵中孵化出来后,经2次蜕皮成为老熟幼虫,然后爬至较干燥的木耳或毛木耳的栽培袋壁上,于末龄幼虫的皮壳中化蛹。黑腹果蝇生活周期短,繁殖率高,1年可繁殖多代。气温在10~30℃时,均能正常产卵繁殖,而以20~25℃为最适宜温度。完成1代只需12~15天。当温度升高至30℃以上时,成虫即不育或死亡。

(3)危害特征 以幼虫危害双孢蘑菇、平菇、银耳、黑木耳、毛木耳等食用菌的菌丝体、子实体,严重影响产量和品质。以幼虫蛀食菌丝体、子实体和培养料,常使菌块发生水渍状腐烂(图177),造成菌丝衰退或消失,使培养料呈黑色。蛀食子实体或耳片,造成子实体萎缩、腐烂。成虫还能携带杂菌和线虫,传播病虫害。导致大量细菌感染,继而腐烂。

图177 果蝇幼虫危害菌袋状

3. 夜蛾类

(1)星狄夜蛾

1)形态特征 成虫体长11毫米,翅展25~26毫米。雄虫整体暗紫褐色,触角丝状,各节基部暗褐色,端部灰白色。前翅紫黑色有光泽,基部浅黑色,后翅色似前翅,外缘线、外横线均为一列白点,其后端融合为一白曲纹。头、胸、腹1~2节背面均有厚密的鳞毛丛。雌虫体暗褐色,前翅黑褐色。

卵橘子形，菜绿色，表面有隆起纵脊40余条，幼虫共有5龄，末龄幼虫头部黑褐色，腹部呈圆筒形，节间缢缩明显，背面纵向散布白色的扭曲线纹。腹足3对。蛹长11~13毫米，腹末有短刺2对。

2）生活习性　1年4~5代，世代历期1个月左右，幼虫共分5龄，一般3龄以前食量较小，3龄以后食量最大。9月下旬到10月上旬以老熟幼虫结茧越冬，翌年4月化蛹。成虫白天隐蔽不活动，晚上出来活动，具有趋糖、趋醋和趋光的习性。雌虫羽化后第三天产卵，以第四、第五天产卵量最大，卵散产于子实体和培养料表面上。

3）危害特征　星狄夜蛾以幼虫取食平菇、凤尾菇、草菇、黑木耳、毛木耳等的子实体、菌丝体，并排出大量粪便，污染菇体和菌床，严重影响品质和产量。危害毛木耳时，在子实体正面取食，留下背面一层表皮（图178、图179）；危害灵芝时，取食菌盖的菌肉，造成弯曲隧道；危害其他食用菌时可取食子实体的每个部位，呈严重的缺刻或蛀成孔洞；在凤尾菇和平菇的栽培块上可取食菌丝。

图178　毛木耳被夜蛾危害状

图179 夜蛾危害木耳状

(2)平菇尖须夜蛾

1)形态特征 体长8.7毫米,淡紫灰色。触角线状。复眼暗红色,偶有黑色。卵立式,橘形,初产为绿色,横径约0.8毫米,高0.4毫米。老熟幼虫体长21～25毫米,头宽0.94～1.4毫米,体紫灰色,体纵线明显,深褐色。蛹为被蛹,体长3～9.8毫米,体表光滑,复眼黑色,翅与足基本等长,达第四腹节2/3处,腹部端有2根臀刺。

2)生活习性 成虫白天潜伏在避光处,多在夜间活动。具有趋光性和趋糖醋液性。卵一般产在子实体和培养料上,幼虫孵化后很快即可咬食菌丝或子实体。

3)危害特征 尖须夜蛾,以幼虫取食平菇子实体、菌丝体和培养料,将子实体吃成严重的缺刻或孔洞等,大量发生时可将子实体全部食光。在无子实体时吃菌丝体和培养料,使平菇产量、质量受到很大的损失。

4. 跳虫

跳虫又称烟灰虫、香灰虫、弹尾虫等(图180)。

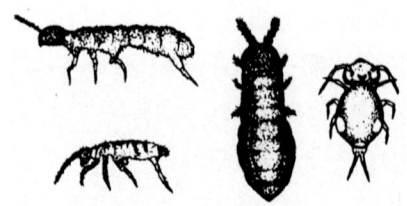

图 180 跳虫

(1) 形态特征　体长 1.2 毫米，近圆筒形，头部较粗大，红紫色和蓝色相间，有灰白小点。触角比头短。弹器短，端节中部凹陷，末端圆形。

(2) 危害特征　常群居危害蘑菇、平菇、凤尾菇、香菇、草菇、银耳、金针菇等的菌丝体和子实体。严重时成千成虫聚集于接种穴周围或菌盖、菌柄、菌褶上取食，造成菌丝受害，生长受抑，菇体形成不规则的凹陷斑或孔道，露出白色菌肉，继而变成褐色斑点，有的甚至枯萎死亡。

5. 马陆

(1) 形态特征　马陆体小似小蜈蚣（图 181）。体长 2～3 厘米，扁平，赤褐或暗褐色，背面两侧及步肢为赤黄色。整个身体分头部和胴部 2 个体段，触角 1 对，口器咀嚼式。胴部各节中 2 节合并为 1 节，每 1 腹节有步肢 2 对，躯体 20 节，背面披有硬壳质。

图 181　马陆

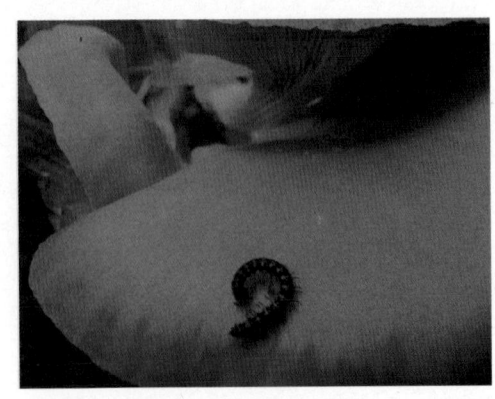

（2）危害特征　马陆属节肢动物门多足纲,是香菇、蘑菇、平菇、木耳等栽培过程中经常发生的一种有害动物。马陆主要啃食食用菌子实体、菇蕾、菌丝体,以及发酵料中的腐殖质,子实体、菇蕾被咬食成孔洞或缺刻,培养料被害后变黑发黏、发臭,严重时培养料被毁。被害子实体、培养料等都会留下马陆特有的难闻的臊味。

6. 螨类

（1）形态特征

1）腐食酪螨　雄螨体长0.28～0.35毫米,雌螨体长0.32～0.42毫米,表皮光滑、明亮,体色依食物的颜色而变化。体背刚毛大都很长,尤其是腹末有一长刚毛群。所有足末端为柄状的爪,有较发达的前跗节。无休眠期。

2）速生薄口螨　体长约0.2毫米,成螨体乳白色,常附有微粒,体后缘凹入。颚体小,须肢端节可自由转动,为扁平二叶状几丁质板。背毛短,约与胫节等长。肛门两侧刚毛4对,足短。

3）毛绥螨　体微小,红褐色。须肢叉毛二叉,生殖板四边形,两边无骨片。

（2）危害特征　螨类,俗称菌虱。危害双孢蘑菇、草菇、香菇、平菇、凤尾菇、银耳、黑木耳等,以蘑菇、草菇、黑木耳受害最普遍。在食用菌生产的各个阶段均能造成危害。能把菌丝咬断,造成菌丝萎缩不长,菇干枯死亡,也能咬食小菇蕾及成熟子实体,并传播病菌。发生严重时,培养料内的菌丝全被吃光,造成退菌,培养料发黑、潮湿、松散,最后颗粒无收。螨类种类繁多,分布很广,习性杂。

7. 蛞蝓

又名蜒蚰、鼻涕虫、黏黏虫,为软体动物。

(1)形态特征　蛞蝓体软,似蜗牛,无外壳,身体裸露,体长约33毫米(图182)。成虫体颜色因种类不同而异,有灰白色、淡黄色、黄褐色或橙色等。头部有触角2对,在第二对触角顶端生眼。在左右触角的后侧约2毫米处有1个生殖孔,体背面前段有外套膜,并具有细小的呼吸孔,肌肉组织的腺体分泌黏液,爬行处留有白色发亮的痕迹。幼虫初孵时体长2~2.5毫米,淡褐色,形似成体。幼体5~6月后发育为成体。雌雄同体,异体受精,每年产卵繁殖1次。卵椭圆形,白色透明。

图182　蛞蝓

(2)生活习性　蛞蝓每年发生1代,以成虫或幼虫在草堆、石块下及其他潮湿阴暗处越冬。蛞蝓喜阴暗潮湿的环境,雨天可昼夜取食,干旱时可昼伏夜出,白天多藏在草丛、草堆、枯枝落叶下或石缝、土缝中。

(3)危害特征　蛞蝓食性很杂,危害多种作物和蔬菜,对木耳、香菇、平菇、双孢蘑菇、银耳、竹荪等均有危害(图183)。主要取食食用菌菌盖、耳片,留下明显的缺刻或孔洞,并在受害部位附近留下粪便和白色的黏液带痕。菇蕾和幼菇被害后影响生长发育,成熟的子实体被啃食后降低商品价值。

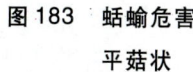
图183　蛞蝓危害平菇状

8. 蜗牛

（1）形态特征　蜗牛的贝壳呈低圆锥形,左旋或右旋,头部显著,有2对触角,后1对顶端生有眼,腹面有扁平宽大的筋肉性腹足,腹足有足腺,能分泌黏液。因此,在蜗牛爬过的地方总是留下一条白色的黏液痕迹。

（2）生活习性　蜗牛是雌雄同体动物,杂食性,喜阴暗潮湿,多在腐殖质多的地方生活。在雨后或露水较大时,蜗牛活动频繁。蜗牛有怕光的习性,空气干燥一般隐藏不出来活动。蜗牛1年发生1代,一般是春季孵化幼虫,到秋季可见成虫或秋季孵化,到翌年春末能交配产卵,蜗牛寿命可达2～3年,以成虫或幼虫越冬。

（3）危害特征　蜗牛属软体动物。危害蘑菇、香菇、茶树菇、毛木耳、竹荪、平菇、草菇、金针菇、银耳等。危害情况与蛞蝓相似,受害子实体在菌盖、菌柄上出现凹陷的斑纹,露出白色的菌肉,危害的程度比蛞蝓轻一些(图184)。

图184 蜗牛危害平菇状

9. 老鼠

老鼠危害蘑菇、香菇、平菇、茶薪菇、灵芝、茯苓等所有人工栽培的食用菌。在菌种生产、栽培发菌期、出菇期都可能遭到老鼠的危害。在菌种生产上老鼠能取食棉花、咬破菌袋造成菌种污染而报废(如图185)。在栽培发菌期咬破食用菌袋造成污染;取食蘑菇、姬松茸等床栽食用菌所播下的麦粒菌种、谷粒菌种,造成发菌不良,并在床栽食用菌的培养料上打洞,咬断菌丝和原基(图186)。在出菇期间直接取食菇蕾和子实体,造成菇蕾不能正常发育成子实体,子实体被咬食后留下明显的缺刻,极大地降低了产量和品质。老鼠携带多种病菌,不仅被咬后的菌袋被污染,而且由于其爪很锋利,如在菌袋上跳来跳去会使菌袋产生破洞而造成污染。危害食用菌的老鼠为家鼠和田鼠等种类。

图185 老鼠危害菌床状

图186 老鼠危害菌袋状

八、食用菌常见害虫的识别与防治措施

危害食用菌的有害小动物种类较多,危害较重的主要是一些昆虫类、螨类、线虫及蛞蝓等。这些害虫随着生产规模的扩大而日趋严重,有些昆虫群集发生时,危害非常大,轻者造成减产,严重者可造成毁灭性损失。因此,了解危害食用菌害虫的种类和防治方法,对于预防虫害的发生,提高栽培成功率,增加种菇效益,具有重要的意义。

(一)菇蚊类

1. 眼菌蚊 眼菌蚊是我国白灵菇生产区发生比较普遍的一种害虫的优势种(图187)。

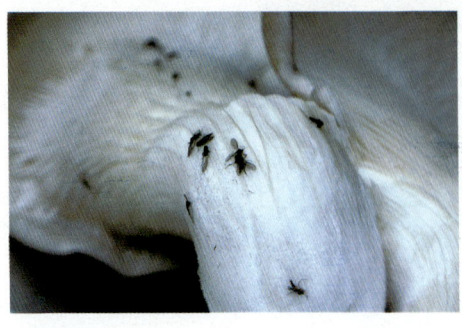

图187 眼菌蚊成虫

眼菌蚊在13～20℃时,1年可发生多代。20～23℃,完成1代只需20天。眼菌蚊成虫对食用菌菌丝和子实体不产生危害,只是影响食用菌商品性。主要是幼虫蛀食子实体和菌丝,幼虫在老菌袋中发展更快,也喜欢在腐烂和潮湿的环境下生活。

2. 瘿蚊

瘿蚊与菌蚊相比,成虫微小细弱,体长1～1.1毫米,头胸部黑色,腹部和足为橙色。幼虫纺锤形,无色,体为白色、淡黄色,透明,具有有性繁殖和无性繁殖2种繁殖方式,幼虫体长1.4～1.5毫米,老熟时体长2.9～3.5毫米。

瘿蚊适宜生长温度为8～37℃,培养料含水量大时易发生,含水量少时则幼虫不易生长(图188)。

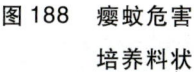
图188　瘿蚊危害培养料状

3. 菇蚊

菇蚊体长2.5毫米左右,体深褐色,胸部大而隆起,腹部圆筒形。幼虫长筒形,头部明显,长7毫米左右(图189)。

菇蚊喜欢在培养料内钻蛀,多发生在高温期,老菇房或环境不良的地方易发生和蔓延。

防治菇蚊要做好以下几方面的工作:

杜绝虫源,保持清洁。旧菇房使用前用500倍的敌敌畏药液喷洒2~3遍。门窗和通气孔加装纱网。

图189 茶树菇子实体上的菇蚊成虫

菌袋内少量发生菇蚊时,可注射500倍的高效氯氰菊酯、阿维菌素、敌菇虫等药液闷杀。

出菇期大量发生虫害时,要在采收完这潮菇后,在菇房内喷洒3 000倍液的高效氯氰菊酯或阿维菌素等。

虫量较大时,可用水浸杀死幼虫,也可配制一定浓度的杀虫剂药进行注射菌袋,或用磷化铝密闭熏蒸(0.2片/米^3)24~48小时。

(二)菇蝇类

1. 果蝇

成虫体长3~4毫米,体浅黄色。幼虫无足,蛆形,老熟幼虫黄色,无明显头部,长7~10毫米,幼虫成活期6~9天,成虫5~8天。

2. 粪蝇

成虫体黑色,幼虫白色,蛆形,头部不明显,体长4毫米左右。气温16℃以上成虫活跃,在24℃时完成1代需14天。

粪蝇幼虫危害食用菌的菌丝和子实体,能使菌丝衰退,侵害子实体后,使食用菌子实体枯萎、腐烂。

3. 扁足蝇

成虫黑色,头大。幼虫短粗而扁平,体周围有刺状凸起,头和胸多弯向腹面。扁足蝇危害食用菌菌丝和子实体。

防治方法有以下几种:

成虫具有趋光性,夜晚可用灯光诱杀。也可取一些烂果放入盘中,加入少量敌敌畏药液诱杀,也可以用一定比例的糖醋液诱杀。

培养料使用前晒干,或进行发酵处理,发酵时可加入0.1%高效氯氰菊酯或0.1%灭幼脲3号拌料。

装袋栽培前还要及时用食用菌专用杀虫剂敌菇虫或阿维菌素喷洒堆料的表面和四周,再用塑料薄膜覆盖12小时左右闷杀料内的幼虫和虫卵,确保料内的虫口基数最低。

搞好菇房内卫生,菇房使用前要彻底杀虫和杀菌多次,采菇后清理干净残菇。

出菇期发生严重虫害时,喷洒3 000倍高效氯氰菊酯、阿维菌素溶液进行防治。

菌袋内虫害严重时,使用磷化铝或菇虫一熏净密闭熏蒸48小时。

(三)甲虫类

1. 伪步行虫

成虫体长9~12毫米,宽5~6毫米,头小,鞘翅具有青、紫、蓝色的金属光泽(图190)。幼虫多啃食菌丝和子实体。

2. 隐翅虫

成虫体长1~23毫米,黑色,鞘翅很短,体多狭长,幼虫多啃食菌丝和子实体。

图190　伪步行虫

甲虫类防治方法：

发现成虫和幼虫较少时要及时捕杀。

虫较多时用阿维菌素溶液喷雾或用氯氰菊酯2 000倍液喷雾。

（四）跳虫

跳虫又称烟灰虫，体长1～1.5毫米，呈灰黑色，有一灵活的尾部，善于跳跃，危害食用菌的菌丝和子实体（图191），在条件适宜时繁殖较快。

防治方法：在有虫的料面上撒施除虫菊药剂或烟草粉末。

喷洒1 000倍的敌菇虫药液。

灯光诱杀。

图191　跳虫在双孢蘑菇上的危害状

（五）线虫

线虫体小,长 1 毫米左右或更小,细线状,危害食用菌的菌丝和子实体。线虫繁殖较快,具有吸盘,吸取菌丝中的养分,造成菌丝和子实体死亡(图 192、图 193)。

图 192　毛木耳被线虫危害状与正常子实体对比

图 193　平菇白瘤线虫病

防治方法:装袋栽培前要及时用食用菌专用杀虫剂敌菇虫或阿维菌素喷洒堆料的表面和四周,再用塑料薄膜覆盖 12 小时左右闷杀料内的幼虫和虫卵,确保料内的虫口基数最低。

喷洒 80 毫克/升磷化锌、高效氯氰菊酯水溶液进行杀虫。

菇房使用前用磷化铝熏蒸72小时或菇虫一熏净烟雾剂进行熏蒸,同时用较大药量的杀虫剂乳油喷洒整个菇房的每个角落3～4遍,以防止菇房内潜伏的害虫。

(六)潮虫

潮虫属甲壳类小动物,虫体较大,体长12～20毫米,暗灰色有光泽。头部三角形,有7对足,触角丝状。主要危害幼菇和菌褶。

防治方法:潮虫喜食马铃薯,可将煮熟的马铃薯片放在小纸盒内,上面盖干草,分放在菇房各处,潮虫吃饱马铃薯后,集聚在干草内休息,将纸盒拿出菇房,集中将虫烧死。

(七)菇螨

又叫菌虱、红蜘蛛,是一类微小的昆虫(图194)。体长0.2～0.6毫米,体色多样,虫体的头胸腹分化不明显。螨类害虫危害白灵菇的菌丝和子实体。咬食菌丝,使菌丝衰退,严重时能把大部分菌丝吃光。幼虫咬食子实体,在食用菌菌盖表面形成不规则的褐色凹斑点。螨虫还可传播其他病菌。

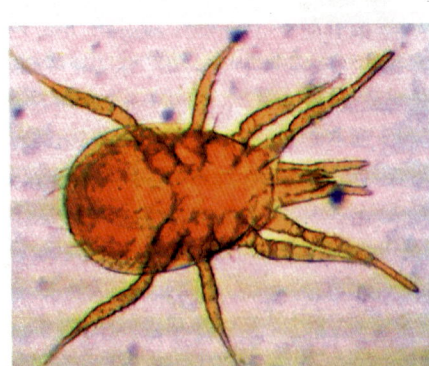

图194 菇螨

防治方法：搞好环境卫生，菇房、培养室使用前喷洒氧化乐果、敌敌畏、高效氯氰菊酯等强力杀虫剂多遍。

搞好培养料灭螨，杜绝螨害来源。

认真检验菌种，保证菌种不带螨害。

生料栽培时用0.2%的阿维菌素闷杀。

发现螨虫后用20%的三氯杀螨砜配制2 000倍药液喷雾，或用150倍的虫螨净药液喷雾。

1%食醋、5%糖水和10%敌敌畏混合拌入麦麸中制成毒饵，撒在受害的菌袋旁边，进行诱杀。

（八）蛞蝓

蛞蝓又名蜒蚰、鼻涕虫、软蛭。蛞蝓伸长时30～60毫米，宽4～6毫米，虫体前端较宽，后端暗灰色，分泌黏液，其爬行过的地方留有白色痕迹。

蛞蝓一年四季均能对食用菌产生危害，春、秋季最重。蛞蝓平时潜伏在阴暗潮湿的地方，夜晚或阴天出来寻食，主要咬食食用菌的子实体，将菌盖和菌柄咬成缺口或穿孔，影响食用菌的品质，并引起病菌感染（图195）。

图195　蛞蝓危害状

防治方法：用1%食盐水喷洒驱除。

晚上9~10点人工捕捉，连续进行3~5个晚上。

在蛞蝓发生多的菇房周围撒石灰、食盐、碱面。

用1%茶子饼溶液喷洒防治。

（九）鼠害

鼠类对食用菌生产危害也较大，主要危害培养料和菌丝。鼠类虽然不直接以菌丝和子实体为食，但由于其独特的生活习性，危害时咬破塑料袋（图196），破坏菌丝生长，严重时将大批菌袋咬破，使栽培受到严重危害。

图196　老鼠危害菌袋状

防治方法：培养室墙壁、地面、窗户要封闭严密，若有鼠洞，要及时用水泥填补。

在菇房、培养室放置无公害的灭鼠药剂。

尽量不用鼠类爱吃的麦粒及玉米粒做栽培种。

菇房或大棚的地面和菌袋上撒一层厚厚的石灰可防止老鼠啃咬菌袋。

（十）食用菌害虫的综合防治

在食用菌的栽培过程中,虫害是不可忽视的重要环节,一旦大量发生,轻则减产,重则绝收。

食用菌虫害和其他作物的虫害发生不太一样。一方面,食用菌子实体对药物非常敏感,在出菇期一般不能直接使用农药;另一方面,食用菌栽培期出现的虫害都在菌袋内部,害虫咬食菌丝,甚至把菌丝吃光,发展极其迅速,而且喷药很难防治。因此食用菌虫害的防治不能简单地用防治农作物虫害的方法来防治。应该从以下五个方面去加以预防,把病虫害消灭在萌芽状态。

1. 对旧菇棚和旧场地要严格处理

1）旧菇棚最好每年拆掉暴晒3个月以上,或和其他作物轮作。

2）旧菇棚没拆掉时,在使用前一定要对大棚进行彻底消毒和杀虫,以前大多数人曾用硫黄对大棚进行熏蒸消毒,但大多数食用菌大棚不能密闭很严,熏蒸的效果并不是很好。近两年来多采用"菌灭绝＋敌菇虫"对大棚的上下和空间进行多次喷雾,效果十分明显。喷雾一次不可能很匀,虫害一遍不可能都杀死,所以要做到喷药的连续性,才能达到最佳的效果,一般应连续喷洒4遍以上。

2. 培养料中要加入一定量的杀虫剂,防止料内生虫

首先,熟料栽培是防治食用菌害虫的最有效的方法。但是大多数栽培户由于条件的限制多采用生料或发酵料栽培。

病虫害的预防应从培养料拌料开始。栽培时培养料中应加入一定量的无公害食用菌杀虫杀菌剂。具体的方法为:1 000千克培养料可加入200毫升的敌菇虫或200毫升菇耳菌

蛆灵、阿维菌素等。最好在装袋前喷入料内,防虫效果会最好。

3. 菌袋进入大棚后,在发菌期要对菌袋进行精细管理,防止害虫进入菌袋

多数栽培者认为,栽培食用菌只要装好大袋就不用管理了,但往往就在疏忽时菌袋被虫危害了,因而造成后期大量减产。采用以下几种方法结合,可有效地预防和防治害虫的发生。

1)用长效杀虫剂虫立杀喷洒菌袋的通气孔,起到封闭的作用,1次喷药,3个月有效。

2)用阿维菌素或菇耳菌蛆灵600倍液、每隔1周喷洒1次菌袋和空间,以防菌袋生虫,使菌丝能健壮的生长。

3)培养料中还要适当地加入菇大壮、胖大壮、菇多生、平菇转潮王等食用菌专用营养素,可使菌丝生长强壮,加快菌丝的生长速度,从而抑制病虫的发生。

4. 加大菌种的用量也是预防虫害的一种有方法

栽培食用菌的过程中,加大种子的用量可以使菌丝生长快而且健壮,虫害很难进入袋内。

5. 虫害发生后要及时进行防治

在菌丝生长期虫害发生时,要对菌袋进行熏蒸处理,使药物进行菌袋内部杀死害虫。常用菇虫一熏净,或磷化铝进行熏蒸杀虫,熏蒸时应对有虫的菌袋进行覆盖,以防气体外逸,影响杀虫的效果。

在出菇期发生虫害时,用800倍液的敌菇虫或阿维菌素直接喷洒菌袋的表面和大棚的空间,并且连续3遍以上,可使害虫得到有效的控制。

总之,食用菌的害虫重在预防,以上五个步骤要同时使用,综合防治才可起到彻底的防治害虫。

参考文献

[1] 黄年来,等. 食用菌病虫害诊治(彩色)手册. 北京:中国农业出版社,2001.

[2] 米青山,等. 食用菌病虫害预防指南. 郑州:中原农民出版社,2006.

[3] 王运兵,等. 公害农药实用手册. 郑州:河南科学技术出版社,2004.

[4] 张维瑞,等. 食用菌病虫害诊断与防治原色图谱. 北京:金盾出版社,2008.

[5] 王波,等. 图说毛木耳栽培关键技术. 北京:金盾出版社,2005.

[6] 张金霞,等. 食用菌菌种生产与管理手册. 北京:中国农业出版社,2006.